虚拟现实场景设计与制作案例教程

许倩倩　边晓鋆　◎主　编
张鹏威　王金洁　周　弢　◎副主编

电子工业出版社.
Publishing House of Electronics Industry
北京·BEIJING

内 容 简 介

本书从"元宇宙"的概念出发，重点讨论虚拟现实场景搭建的建模技术。本书介绍了"元宇宙"的起源、概念，以及虚拟现实技术的现状，帮助学生了解虚拟现实场景项目设计与制作流程的各环节，并掌握每个环节的主要工作内容，从而认识虚拟现实场景搭建的重要技术——三维建模技术；通过虚拟场景的综合项目实训，培养学生的三维建模设计能力，使其快速掌握三维建模制作技巧和虚拟场景的合成方法，提高虚拟现实作品模型制作的综合应用能力。本书共分为 6 个项目，从"元宇宙"和虚拟现实的概念、项目制作流程和搭建技术、建筑模型构建、交通工具模型构建、概念地形空间构建、环境构建与渲染等方面，介绍了虚拟现实场景项目的设计与制作过程，帮助对虚拟现实场景建模技术感兴趣的学生快速、全面地掌握完整的技术体系。

图书在版编目（CIP）数据

虚拟现实场景设计与制作案例教程 / 许倩倩，边晓鋆主编 . —北京：电子工业出版社，2023.11

ISBN 978-7-121-46677-9

Ⅰ. ①虚… Ⅱ. ①许… ②边… Ⅲ. ①三维动画软件－中等专业学校－教材 Ⅳ. ①TP317.48

中国国家版本馆 CIP 数据核字（2023）第 219274 号

责任编辑：郑小燕　　　　　特约编辑：田学清
印　　刷：天津千鹤文化传播有限公司
装　　订：天津千鹤文化传播有限公司
出版发行：电子工业出版社
　　　　　北京市海淀区万寿路 173 信箱　　　　邮编：100036
开　　本：880×1230　　1/16　　印张：14.5　　字数：323 千字　　插页：12
版　　次：2023 年 11 月第 1 版
印　　次：2023 年 11 月第 1 次印刷
定　　价：61.80 元

凡所购买电子工业出版社图书有缺损问题，请向购买书店调换。若书店售缺，请与本社发行部联系，联系及邮购电话：（010）88254888，88258888。

质量投诉请发邮件至 zlts@phei.com.cn，盗版侵权举报请发邮件至 dbqq@phei.com.cn。

本书咨询联系方式：（010）88254550，zhengxy@phei.com.cn。

前言

2021 年是"元宇宙"的元年，人类全面走进数字世界。元宇宙是一种概念数字世界，虚拟现实是一种技术。借助虚拟现实技术，可以实现"元宇宙"中的虚拟世界，创造生活、娱乐及工作的数字时空。

项目一为基础理论，着重介绍"元宇宙"和虚拟现实技术相关的概念及产业发展；项目二介绍虚拟现实场景项目制作流程和搭建技术；项目三至项目五为技术开发，分别为虚拟现实场景之建筑模型构建（项目三）、虚拟现实场景之交通工具模型构建（项目四）和虚拟现实场景之概念地形空间构建（项目五）。此外，本书还附有案例开发教学视频和习题，可供学生自学。

本书具有如下特点：

（一）"育"：本书作为技术类专业教材，在内容设计上充分落实思政要求。本书根据全国职业院校虚拟现实专业教学的规范和要求，遵循职业院校学生的理论知识，根据职业院校学生的认知规律，培养学生爱国主义精神；在习题设计上充分结合实际，让学生在实战演练时可以结合学校、家乡的特点进行创作，培养学生"爱学校、爱家乡、爱社会"的精神。

（二）"新"：本书内容着眼行业发展前沿，紧跟时代热点，从"元宇宙"的概念出发，介绍"元宇宙"场景搭建必不可少的元素，即虚拟现实场景搭建技术——三维建模技术，让学生在掌握建模技术的同时，能够自然而然地接触行业发展的最新动态与技术。在虚拟现实场景项目设计与制作的过程中，本书结合热门软件进行创作，让学生掌握技术的同时，与行业发展接轨，为学生的职业发展打下坚实的基础。

（三）"匠"：本书由浙江大学的教师提供全程的编写指导和技术支持，让"工匠精神"在职业教育中扎根。本书通过多个与实际生活或工作相关的案例，循序渐进、由浅入深地介绍虚拟现实场景项目的设计与制作。前期项目的设计经过了大量的调研，并征询了行业专家和学者的意见，多次修订、更新和完善。本书从虚拟场景的实际情况和工作任务分析入手，通过设计典型的工作任务形成项目模块，构建内容结构，凸显了职业教育的专业性和应用性，可以提升学生职业能力。杭州集人社科技有限责任公司为本书的编写提供了指导和技术支持，企业的高级人才参与了本书部分项目的编写。本书真正地实现了"校企合作、产教融合"，达到对接职业和岗位标准的需求，注重吸收行业发展的新知识、新技术、新工艺、新方法。本书倡导全面发展，以学生为本，以就业为导向，在书中融入实际项目，按照虚拟场景搭建的标准流程，结合学校实际教学和企业需求的真实场景进行模拟，紧贴社会对高素质劳动者应掌握的虚拟场景制作技术的要求，将课堂还给学生，营造真实的工作环境，并适应人才培养模式的改变。

（四）"新"：本书的创新性有三点。一是体例的创新，本书采取"任务驱动"的形式，将探究式、互动式和开放式的教学方法融入编写的内容中，充分发挥教师在教学过程中的主导作用和学生的主体作用。二是教学方式的创新，本书始终贯彻"项目式教学"的思想，根据职业院校学生的认知规律，从项目整合的需求出发，以搭建虚拟场景的常规流程为主线，采用"项目驱动"的模式进行讲解。三是教育技术创新，本书对接新教育技术，充分利用新技术开发"微课""慕课"等数字化资源、活页等。通过对本书内容的学习，学生能够提高实际操作能力，巩固和拓展所学知识与技能。本书内容的呈现方式符合学生的认知特点，语言简洁、结构清晰、图文并茂，能够很好地激发学生的学习兴趣。

（五）"活"：本书根据"实际、实用、实践"的原则，适应学生学习的特点和需求，立足于提升学生的综合能力，重点培养学生解决问题的能力与职业素质，使学生乐于学习；以职业要求为导向，使学生在典型任务的驱动下开展学习活动，引导学生由简到繁、由易到难、循序渐进地完成一系列任务；培养学生分析问题、解决问题的能力及综合运用能力，从而提升自身的知识与技能。此外，在本教材的实践项目中，特别提供了辅助工具——项目任务书，为学生提供清晰的指导框架。这些项目任务书旨在帮助学生在实践过程中能够更好地理解和应用所学知识，提高实践技能和解决问题的能力。通过有针对性的项目任务，学生可以在实践中巩固理论知识，掌握关键技能，并培养团队合作和项目管理的能力。

（六）"易"：本书尽量避免各种晦涩难懂的专业术语，以及各种高、精、尖摄影装备的应用，使用通俗易懂的语言为学生讲解知识，并以思维导图的形式引导学生学习，使学生真切地感受到学习虚拟现实场景技术并不难，使学生能够通过熟悉设备、拍摄、缝合、分发及后期美化等步骤，熟悉虚拟场景的流程，具备虚拟场景开发的能力。同时，培养学生自主、合作、探究学习的能力。此外，本书提供了软件快捷键的使用说明，供学生随时参考。使用说明涵盖了各种常见软件的功能和操作，能够帮助学生更高效地完成任务。

本书由学校教师、虚拟现实技术开发工程师及产业发展研究人员共同编写而成，适合作为职业院校的虚拟现实、计算机科学与技术、视觉设计与艺术、动漫设计、多媒体技术等专业的教材，也适合希望进一步了解虚拟现实/Maya 产业，以及想要从事虚拟现实/Maya 技术开发相关工作的人员、科技工作者和技术开发人员参考。

由于编者水平有限，书中难免存在一些疏漏和不足之处，敬请广大读者提出宝贵意见。

编　者

目录

项目一

1

初识"元宇宙"和虚拟现实

了解"元宇宙"的起源

探析"元宇宙"概念

了解虚拟现实技术现状

项目描述

本项目通过多个与实际生活相关的案例介绍什么是"元宇宙",使学生能够用自己的语言解释"元宇宙"的概念,了解"元宇宙"的应用。通过本项目的学习,学生可以掌握"元宇宙"发展背后的支持,掌握虚拟现实技术与"元宇宙"的关系,了解国内外虚拟现实技术的现状。

任务要点

- "元宇宙"的起源与发展
- "元宇宙"的概念
- 虚拟现实技术的现状

项目分析

在本项目的学习中,学生通过文学作品、影视作品中"元宇宙"的描述,了解"元宇宙"的起源;通过了解现实中"元宇宙"的典型事件、发展的标志性事件、发展背后的支持和产业链,掌握"元宇宙"在各领域的应用,以及"元宇宙"对互联网发展的重要意义和其未来的发展方向;通过明确"元宇宙"的概念,掌握"元宇宙"的特征、核心技术与技术支持;通过明确虚拟现实的概念,了解虚拟现实的发展和国内外技术的发展现状,了解虚拟现实技术在各领域的应用。

知识加油站

钱学森 20 世纪 90 年代的预言成真

1990 年 11 月 27 日,中国航天事业奠基人钱学森在写给汪成为院士的信中,将"Virtual Reality"翻译为"灵境"。1993 年,钱学森再次致信汪成为院士,谈起他认为的"元宇宙",即"灵境"。他写道:"我对灵境技术及多媒体的兴趣在于它能大大扩展人脑的知觉,使人进入前所未有的新天地,新的历史时代要开始了!"如今,钱学森的预言正在走向现实。

任务一 了解"元宇宙"的起源

任务目标

1. 了解"元宇宙"的起源
2. 理解作品中的"元宇宙"
3. 了解现实中的"元宇宙"及其发展

任务描述

通过文学作品、影视作品等案例,学生可以了解"元宇宙"的起源,以及现实中"元宇宙"的应用和发展。

任务导图

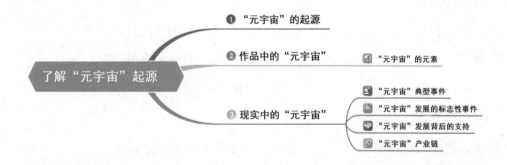

学习新知

一、"元宇宙"的起源

学习笔记

"元宇宙"(Metaverse)最早起源于 1992 年科幻作家尼尔·斯蒂芬森的小说《雪崩》。该小说描述的是脱胎于现实世界的一代互联网人对两个平行世界的感知和认识。尼尔·斯蒂芬森在小说中假想出一个虚拟的城市,人们可以借助 VR 眼镜,从现实中进入这个城市,并在其中买地、建房、生活,相当于开启了一段新的人生,尼尔·斯蒂芬森将此城命名为"元宇宙"。

在《雪崩》原著中，Metaverse 是由 Meta 和 Verse 两个单词组成的，Meta 表示超越，Verse 表示宇宙（Universe），合起来是"超越宇宙"的概念。

二、作品中的"元宇宙"

作品中的"元宇宙"经历了三个历史阶段。第一个阶段是以文学、艺术、宗教为载体的古典形态的"元宇宙"，如河洛图、《西游记》等。第二个阶段是以科幻电影和电子游戏为载体的新古典形态的"元宇宙"，如大家熟知的电影《黑客帝国》系列、《哈利·波特》及《弗兰肯斯坦》。第三个阶段是以"非中心化"游戏为载体的高度智能化形态的"元宇宙"，如游戏《我的世界》和《Decentraland》等。

以电影作品为例，数字虚拟世界是科幻电影最喜欢拍摄的题材，例如，早期的电影《黑客帝国》系列既是经典的存在主义科幻电影，又是"元宇宙"概念的"扛鼎之作"，如图 1-1-1 所示。电影《黑客帝国》系列中的矩阵是由人工智能建立的，用来控制人类的一种方式，为了防止人类反抗机器统治，机器将人类的大脑神经与计算机连接，建立一个沉浸式的虚拟世界，让人类相信自己生活在一个真实的世界中。可以说，电影《黑客帝国》中的"元宇宙"是一个与现实世界连接紧密的虚拟世界。

2018 年上映的科幻冒险电影《头号玩家》和 2021 年上映的电影《失控玩家》同样是建立了一个数字虚拟世界，如图 1-1-2 所示。在"元宇宙"中，人们拥有一个虚拟身份，也就是游戏中的角色。这个虚拟身份可以是任意形态的。例如，在电影《头号玩家》中，人们的角色可以是高大的、漂亮的、吓人的、不同性别的、不同物种的电影角色，甚至可以是卡通人物。在"元宇宙"中可以进行社交，拥有朋友，无论人们在现实中是否认识。"元宇宙"应该是一种虚拟的文明，并且与人类社会和复杂的大型游戏一样，"元宇宙"应该有自己的经济系统，如电影《头号玩家》中的虚拟账户。"元宇宙"还应该让人有沉浸感。例如，电影《头号玩家》中的 X1 零触感套装及沉浸设备能给人带来沉浸感，游戏的参与者可以使用设备随时随地登录游戏，沉浸其中。

"元宇宙"可以提供多种丰富内容,包括玩法、道具、美术素材等。在"元宇宙"中的一切都是同步发生的,没有异步性或延迟性,例如,在游戏中不同玩家可以实时对话。

图 1-1-1　电影《黑客帝国》系列

图 1-1-2　电影《头号玩家》

三、现实中的"元宇宙"

（一）全球背景下的典型事件

2020 年是一个极其特殊的时间点,人类社会达到虚拟化的临界点。新技术的飞速发展,也加快了非接触式文化的形成,在"元宇宙"的发展历程中也出现了一些典型事件。

在**文化**方面,2020 年浙江大学在游戏《我的世界》中举办了 2020 届毕业典礼,游戏中搭建的场景与现实中的学校几乎一模一样,而准毕业生代表的人物形象在同一时间都参与游戏中的毕业典礼,如图 1-1-3 所示。此外,人物之间可以相互交流,可以穿梭在虚拟学校的每个角落。在这场完全通过云端完成的毕业典礼上,准毕业生们不仅重新游览了熟悉的母校风景,还体验了许多令人惊喜的毕业节目和"彩蛋",还实现了在现实世界中无法实现的烟火表演,如图 1-1-4 所示。

图 1-1-3　"元宇宙"中的毕业典礼

图 1-1-4　浙江大学在游戏
《我的世界》中搭建的场景

学习思考

"元宇宙"对教育文化事业有什么影响?

问题摘录

2020 年 7 月，全球顶级人工智能学术协会 ACAI（Animal Crossing Artificial Intelligence）在游戏《Animal Crossing Society》（《动物森友会》）举行了 AI 顶会，如图 1-1-5 所示，共完成了关于 4 大主题的 17 场演讲。

图 1-1-5　在游戏《动物森友会》举行的 AI 顶会

在**社交**方面，"元宇宙"可为人们提供更加丰富的互动关系，来增添社交的多样性和趣味性。中国的映宇宙集团推出了一款海外"元宇宙"社交产品——The Place。该产品通过高颜值的虚拟场景和形象，以及实时音频互动功能，为用户提供沉浸式社交体验。映宇宙集团推出了包括映客直播 App 在内的沉浸式 KTV 功能"全景 K 歌"、恋爱社交产品"情侣星球"等数款"元宇宙"社交产品。

在**经济**和购物方面，Boson Protocol 作为一个区块链协议的基础设施项目，在游戏《Decentraland》上以 704 000 美元的价格购买了一块虚拟土地，并在这块虚拟土地上为全球品牌建立一个购物中心。该购物中心将一端连接到游戏《Decentraland》，另一端连接到各种现实世界的零售店，在"元宇宙"和现实世界之间建立联系。

在游戏《动物森友会》中有资深玩家创建了 Nookazon，即《动物森友会》版的亚马逊电商平台，方便玩家对游戏中的物品进行交易。各种高自由度玩法和重社交属性，都为"元宇宙"生态的发展推进了一步。

在**娱乐**方面，某说唱歌手在游戏《Roblox》（《机器砖块》）中举办了演唱会。2021 年，某著名流行歌手也在游戏《Fortnite》（《堡

学习辅助

狭义区块链是指按照时间顺序，将数据区块以顺序相连的方式组合而成的链式数据结构，并以密码学方式保证分布式账本不可被篡改和伪造。简单来说，区块链技术就是一个在没有强大中介参与的情况下，仍然安全可信的数据管理系统。

垒之夜》)中举办了个人演唱会,吸引了4400万名用户在线关注。

在**游戏**方面,现在任何单一的项目想要囊括全部的"元宇宙"是不现实的。纵观游戏产业,有一些游戏已经初步发挥了部分"元宇宙"的概念。例如,在具有创作内容和社交属性的游戏《动物森友会》中,人与人的交流还没有实现很高的自由度,宇宙的呈现也比较局限。而版图很宏大的《塞尔达》及《原神》等游戏,在某种意义上构建了开放世界的部分,但缺少了自由创作的部分,社交也相对局限。游戏《Roblox》、《Fortnite》和《Minecraft》中的经济系统不够独立。区块链游戏《Decentraland》、《Sandbox》及《Alice》等都在向着去中心化的无限游戏——"元宇宙"迈进。

(二)"元宇宙"发展的标志性事件

2021年被称为"元宇宙"元年。

2021年3月,Roblox公司上市,其被称为"元宇宙"概念的第一股,同时也将"元宇宙"概念带入了投资者的视野。

2021年4月,游戏《Fortnite》的开发公司Epic Games获得10亿美元的融资用于"元宇宙"业务的开发。

2021年5月,社交软件Soul提交首次公开募服(IPO)申请,定位为"年轻人社交元宇宙"。

2021年8月,NVIDIA公司宣布推出全球首个为"元宇宙"的建立提供基础的模拟和协作平台。

2021年10月,美国社交媒体Facebook宣布改名为"Mate"(元),正式投入"元宇宙"建设。

2021年12月,百度公司发布首个国产"元宇宙"产品——希壤,正式开放定向内测。

我国的腾讯公司、字节跳动公司、今日头条公司等也在计划发展与"元宇宙"相关的产业。腾讯公司"元宇宙"的相关投资布局如图1-1-6所示。党的二十大报告指出要"强化企业科技创新主体地位,发挥科技型骨干企业引领支撑作用,营造有利于科技型中小微企业成长的良

知识链接

区块链游戏可以实现更透明的游戏体验,同时游戏数据权属完全下放给个人,可以实现个人游戏数据权益的自由。另外,区块链可直接促活游戏内资产的流转。但从发展历程看,区块链游戏仍处于发展的早、中期阶段,技术方面的问题仍有待突破。

好环境，推动创新链产业链资金链人才链深度融合"。中国的企业在"元宇宙"产业的发展中起到了良好的表率作用。

图 1-1-6　腾讯公司"元宇宙"的相关投资布局

（三）"元宇宙"发展背后的支持

作为数字经济下一增长点的"元宇宙"，除了得到了 Meta、微软等国际科技巨头的支持，还得到了各地政府的重视，成为产业发展布局的重点。

首先，与"元宇宙"相关的政策密集出台。自"元宇宙"概念提出以来，江苏、浙江、深圳、福建等多地为了加速布局相关产业，密集发布了"元宇宙"及相关产业的发展计划、措施和行动计划，出台了很多涉及"元宇宙"、虚拟现实的相关政策。

以浙江省为例，2022 年 3 月 29 日，杭州未来科技城为了鼓励社会资本参与投资，汇聚了规模高达 10 亿元的扩展现实（Extended Reality，XR）产业基金，加大对 XR 产业人才的引进力度，形成 XR 专项人才培育机制。同年 5 月 21 日，杭州市钱塘"元宇宙"新天地开园，正式发布《杭州钱塘区"元宇宙"产业政策》，围绕人才引领、空间保障、基金助力、梯队建设、协同创新等五大部分为企业提供资助。

读书笔记

_____

_____

_____

_____

学习辅助

全国人大代表和全国政协委员建议尽早启动"元宇宙"立法研究，形成与技术、市场发展相适应的治理模式和法律基础，主要涉及三方面：一是现实法律的重塑与调整；二是保障"元宇宙"经济社会系统正常运行的交易、数据、安全，探索建立虚拟经济规则体系，推动数字资产确权、交易、隐私保护等方面立法；三是对"元宇宙"的开发和应用进行监管的法律法规，真正实现"技术向善"。

党的二十大报告指出，"教育、科技、人才是全面建设社会主义现代化国家的基础性、战略性支撑。必须坚持科技是第一生产力、人才是第一资源、创新是第一动力，深入实施科教兴国战略、人才强国战略、创新驱动发展战略，开辟发展新领域新赛道，不断塑造发展新动能新优势"。浙江省不断加快"元宇宙"布局，争取"元宇宙"产业的发展先机，超前布局量子通信、"元宇宙"等未来产业，高水平打造"全国数字经济第一城"。

其次，对"元宇宙"的治理也早已提上日程。2022 年政府工作报告提出，要"完善数字经济治理，释放数据要素潜力，更好赋能经济发展、丰富人民生活"。为了更好地使"元宇宙"赋能实体经济发展，建设完善的法律体系为其保驾护航也是"元宇宙"布局的关键点。在2022 年全国两会期间，全国人大代表和全国政协委员围绕"元宇宙"等数字经济治理和立法提出了具体建议。

（四）"元宇宙"产业链

"元宇宙"产业链如图 1-1-7 所示。"元宇宙"产业链涉及的领域较广，在现阶段主要以游戏和社交软件为主，在应用领域也在逐渐发展。

图 1-1-7　"元宇宙"产业链

"元宇宙"产业链由七部分组成，分别是体验区块、发现平台、创作者经济、空间计算、去中心化、人机交互和基础设施。

体验区块，如游戏、社交软件、音乐平台等。

发现平台，即用户从何处获取这些体验。

创作者经济，即设计工具、动画系统、货币化技术等。

空间计算，即 3D 引擎、手势识别、空间映射和人工智能等。

去中心化，包括如何将"元宇宙"的大部分系统转移到无权限、分散式和更民主化的结构中。

人机交互，包括从使用每个移动设备，到使用虚拟现实技术、增强现实技术，再到使用高级触觉和智能眼镜等未来技术。

基础设施，即半导体、材料科学、云计算和电信网络等。

任务小结

通过学习作品和现实中的"元宇宙"案例，我知道了_____是下一代的互联网的进化方向。

学习辅助

去中心化是互联网发展过程中形成的社会形态和内容产生形态。简单来说，在去中心化系统中，任何参与者均可提交内容。去中心化是更具有开放式、扁平化和平等性的系统现象或结构。

项目评价

完成本任务的学习后，请同学们在相应评价项打"√"，完成自我评价，并通过评价肯定自己的成功，弥补自己的不足。

项目实训评价表					
项目	内容		评定等级		
	学习目标	评价目标	幼鸟	雏鹰	雄鹰
职业能力	掌握"元宇宙"的概念	能说出"元宇宙"中的某些元素			
		能通过自己的理解对"元宇宙"进行简单描述			
通用能力	分析问题的能力				
	解决问题的能力				
	自我提高的能力				
	自我创新的能力				
综合评价					

评定等级说明表	
等级	说明
幼鸟	能在指导下完成学习目标的全部内容
雏鹰	能独立完成学习目标的全部内容
雄鹰	能高质量、高效地完成学习目标的全部内容，并能解决遇到的特殊问题

最终等级说明表	
等级	说明
不合格	不能达到幼鸟水平
合格	可以达到幼鸟水平
良好	可以达到雏鹰水平
优秀	可以达到雄鹰水平

任务二　探析"元宇宙"的概念

任务目标

1. 掌握"元宇宙"的概念
2. 掌握"元宇宙"与虚拟现实的关系
3. 掌握虚拟现实的概念

任务描述

通过对"元宇宙"概念的学习和理解，学生可以对"元宇宙"的特征、核心技术与技术支持有较清晰的认识，掌握"元宇宙"与虚拟现实的关系，掌握虚拟现实技术的概念。

任务导图

学习新知

一、什么是"元宇宙"

现在，请你想象这样一种生活。

早上 9 点整，闹钟响了，你赶紧从床上爬起来，戴上 VR 眼镜进入工作之城。一瞬间你就出现在了工位上，身旁的同事们也都是虚拟的，本人全在家里。傍晚下班，你和几个同事约好一起来一趟心灵之旅，于是你切换场景，你们从工作之城瞬间移动到虚拟的青藏高原，站在珠穆朗玛峰上，俯瞰绵延的雪山。看腻了就再次切换场景，你们

读书笔记

_____

_____

_____

_____

_____

一起瞬间移动到三亚海滩，欣赏蔚蓝的大海。突然你收到了一条信息："老大，人手已经集结好了。"原来是你的探险小队的手下发来的消息，于是你瞬间移动到冒险之城与对手进行战斗。结束一天的活动后，你想起明天参加典礼的服装还没准备好，于是你又进入购物商城，与虚拟模特打了招呼。挑选好自己喜欢的服装后，可以一键试衣，当然服装码数已经为你精准测量了。在下单后，第二天一早，你选好的服装就已经被送到家中。虚拟购物场景如图 1-2-1 所示。

图 1-2-1　虚拟购物场景

当然，"元宇宙"的作用和玩法远远不止于此。人的想象力无限，"元宇宙"就无限。

（一）"元宇宙"的特征

对于"元宇宙"的概念有各种各样的说法，但是多数人认为"元宇宙"就是下一代的互联网，是所有虚拟世界、增强现实和互联网的总和。"元宇宙"的范畴非常广，包含了社交、购物、教育、游戏、支付等，现在人们熟悉的所有应用在"元宇宙"中都有自己的呈现方式。

硅谷投资人 Matthew Ball 在 2020 年 1 月发表了一篇关于"元宇宙"的文章 *The Metaverse: What It Is, Where To Find it, and Who Will Build it*，其中给出了说明，"元宇宙"有如下**特征**。

（1）**持久性和永续性**："元宇宙"是一个无限化的世界，永远不会"停止"或"重置"。

（2）**同步性和实时性**："元宇宙"是一种真实的体验，所有对话和动作都可以实时地获得回应。

（3）**充分运作和独立的经济系统**：在"元宇宙"中每个人都可以通过工作和投资来获得收入，与现实世界一样，"元宇宙"中个人和企业都能够创造、拥有、投资与销售数字资产。

（4）**前所未有的数据互通性**："元宇宙"中所有的数字资产或内容都可以互通，例如，人们可以把在游戏《Fortnite》中购买的枪送给在其他游戏中的好友。与现在的数字世界都是独立的孤岛不同，每个人的数字身份和资产在不同的平台与应用中完全不兼容。

（5）**可创造性**（User Generated Content，UGC）："元宇宙"的创作者可以是某个人，而不再是某个平台。

"元宇宙"能跨越数字和物理世界、私人和公共网络、开放和封闭平台。

（二）"元宇宙"的核心技术与技术支持

"元宇宙"本身并不是一种技术，而是一个理念，是不同技术的整合和融合。可以把"元宇宙"的核心技术分为六部分：区块链技术（Blockchain）、交互技术（Interactivity）、电子游戏技术（Game）、人工智能技术（AI）、网络及运算（Network）、物联网技术（Internet of Things）。可以使用大蚂蚁的英文单词"BIGANT"来概括这六大核心技术，如图1-2-2所示。

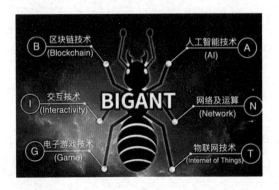

图1-2-2　"元宇宙"的六大核心技术

知识链接

UGC，User Generated Content，即用户创造内容。如果"元宇宙"想要创造足够真实的沉浸式体验，就需要有相当多的内容可供用户消费，需要依靠人们的创造力。

学习笔记

区块链技术，将会成为物理世界的个体和虚拟世界的个体之间的用于——映射的基础设施工具。区块链可以对用户在虚拟世界里创造的价值（即数据）进行确认、确权，而确定数据的归属之后，这些数据就可以成为用户的资产，在这中间就可以形成交易市场、数据市场。NFT、DeFi、智能合约、去中心化交易所、分布式存储等区块链技术是支撑"元宇宙"经济体系的最重要的技术。

交互技术，是提供沉浸式体验最重要的技术。其中包括虚拟现实（Virtual Reality，VR）技术、增强现实（Augmented Reality，AR）技术、混合现实（Mixed Reality，MR）技术、全息影像技术、脑机交互技术、传感技术（体感、环境）等。

电子游戏技术，是"元宇宙"的呈现方式之一，同时也为"元宇宙"提供创作平台、交互平台和社交场所，并实现能量整合。其中包括游戏引擎的开发、三维建模和实时渲染技术等。

人工智能技术，为"元宇宙"大量的应用场景提供技术支撑。例如，计算机视觉技术是现实世界图像数字化的关键技术，为"元宇宙"提供虚实结合的观感。又如，机器学习技术为"元宇宙"中所有的系统、角色达到或超过人类学习的水平提供技术支撑，极大影响"元宇宙"的运行效率和智能化程度。其中还包括自然语言处理技术、智能语音技术等。

网络及运算技术，数据洪流会给网络、计算、存储、硬件等带来巨大的挑战。网络及运算技术其中包括5G/6G网络、云计算和边缘计算等。

物联网技术，为"元宇宙"的万物连接及虚实结合提供技术保障。

二、"元宇宙"与虚拟现实的关系

达摩院 XR 实验室前负责人谭平认为"元宇宙"就是 AR/VR 眼镜上的整个互联网。AR/VR 眼镜是即将普及的下一代移动计算平台，而"元宇宙"则是互联网行业在这个新平台上的呈现。所以从这个角度来看，"元宇宙"的范畴非常广，现在人们熟悉的各种各样的互联网应用在"元宇宙"上都会有自己的呈现方式。

谭平将"元宇宙"的技术支持分为四层，分别是全息构建、全息

知识链接

NFT，Non-Fungible Token，即非同质化通证，用于表示数字资产的唯一加密货币令牌，具有不可分割、不可替代、独一无二等特点。DeFi，Decentralized Finance，即去中心化金融，是建立在区块链上的金融软件。

仿真、虚实融合和虚实联动。其中底层技术——全息构建就是需要构建出虚拟世界的几何模型，并在终端设备上显示，制造出一种沉浸式的用户体验场景。几何模型的构建就是三维场景和三维动画，这就是"元宇宙"的核心内容，之前涉及的虚拟现实技术、增强现实技术、混合现实技术与几何模型的构建关联甚大。因此，本书以虚拟现实技术为例来介绍"元宇宙"中几何模型的制作及虚拟现实场景的搭建。

三、什么是虚拟现实

虚拟现实，英文全称为 Virtual Reality，缩写为 VR，是 20 世纪发展起来的一项全新的计算机仿真技术，最早由 Jaron Lanier 在 20 世纪 80 年代初期提出。虚拟现实就是通过三维图形生成技术、多传感交互技术和高分辨率显示技术等创造出来的一种逼真的虚拟三维环境，模拟包括触觉、味觉、嗅觉、运动感知等感官感受。当人们置身于这个环境中时，与置身于现实世界中一样，如图 1-2-3 所示。

图 1-2-3　虚拟现实展示

因此，虚拟现实有三个**基本特征**：沉浸性、交互性、构想性，并强调人的主导作用。沉浸性，是指让人沉浸在虚拟环境中，脱离现有的真实环境，获得与现实世界相同或相似的感知，仿佛身临其境。交互性，是指通过硬件和软件的设备进行人机交互，使用眼球识别、语音、手势，或者脑电波等多种传感方式与多维信息的环境交互，逐渐趋同于在现实世界中的交互。构想性，也称想象性，是指虚拟世界中创造的、客观世界中不存在的场景，或者不可能发生的环境。当然，要给人足够的沉浸感，让虚拟世界无限接近现实世界，虚拟世界中的物体也要依据物理定律动作，例如，水要往低处流，丢一块石头要能打破玻璃。

虚拟现实的关键技术，包括动态环境建模技术、实时三维图形生成技术、立体声合成和立体显示技术、触觉反馈技术、交互技术和系统集成技术。

任务小结

通过对"元宇宙"的概念的学习，我知道了"元宇宙"有这些特征：持久性和＿＿＿＿＿＿＿＿，同步性和＿＿＿＿＿＿＿＿，充分运作和独立的＿＿＿＿＿＿＿＿，＿＿＿＿＿＿＿＿，可创造性。通过对虚拟现实概念的学习，我知道了虚拟现实的基本特征是＿＿＿＿＿＿＿＿，＿＿＿＿＿＿＿＿，＿＿＿＿＿＿＿＿。

挑战任务

请根据所学内容，思考虚拟现实技术在"元宇宙"建设中的重要作用。

学习思考

生成虚拟现实世界需要解决哪些问题？

＿＿＿＿＿＿＿＿

＿＿＿＿＿＿＿＿

＿＿＿＿＿＿＿＿

＿＿＿＿＿＿＿＿

＿＿＿＿＿＿＿＿

问题摘录

＿＿＿＿＿＿＿＿

＿＿＿＿＿＿＿＿

＿＿＿＿＿＿＿＿

＿＿＿＿＿＿＿＿

学习笔记

＿＿＿＿＿＿＿＿

＿＿＿＿＿＿＿＿

＿＿＿＿＿＿＿＿

＿＿＿＿＿＿＿＿

项目评价

完成本任务的学习后，请同学们在相应评价项打"√"，完成自我评价，并通过评价肯定自己的成功，弥补自己的不足。

项目	内容		评定等级		
	项目实训评价表				
	学习目标	评价目标	幼鸟	雏鹰	雄鹰
职业能力	掌握"元宇宙"的特征和虚拟现实的概念	能解释"元宇宙"的特征			
		能解释虚拟现实的概念			
通用能力	分析问题的能力				
	解决问题的能力				
	自我提高的能力				
	自我创新的能力				
综合评价					

等级	说明
评定等级说明表	
幼鸟	能在指导下完成学习目标的全部内容
雏鹰	能独立完成学习目标的全部内容
雄鹰	能高质量、高效地完成学习目标的全部内容，并能解决遇到的特殊问题

等级	说明
最终等级说明表	
不合格	不能达到幼鸟水平
合格	可以达到幼鸟水平
良好	可以达到雏鹰水平
优秀	可以达到雄鹰水平

任务三 了解虚拟现实技术的现状

任务目标

1. 了解虚拟现实技术的发展历程
2. 了解国内外虚拟现实技术的发展现状
3. 了解虚拟现实技术在各领域的应用

任务描述

通过对虚拟现实技术的发展历程和国内外虚拟现实技术的发展现状的学习，学生可以全面了解虚拟现实技术，并通过学习虚拟现实技术在各领域的应用，感受其魅力，激发学习虚拟现实场景搭建的兴趣。

任务导图

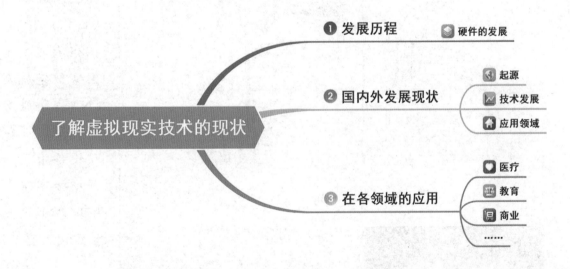

实现过程

一、虚拟现实技术的发展历程

1932 年，英国作家 Aldous Leonard Huxley 在他的长篇小说《美丽新世界》中第一次描述了什么是虚拟现实设备，书中提到"头戴式设备可以为观众提供图像、气味、声音等一系列感官体验，以便让观众更好地沉浸在电影的世界中"，如图 1-3-1 所示。

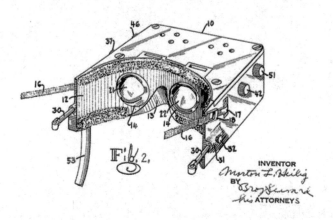

图 1-3-1　《美丽新世界》中的虚拟现实设备

1962 年，Morton Heilig 推出 VR 原型机——多通道仿真系统 Sensorama，如图 1-3-2 所示。Sensorama 可以让人沉浸于摩托车上的骑行体验，感受声响、风吹、震动和气味。但是该设备又大又沉，还不可以戴在头上，其使用场景如图 1-3-3 所示。

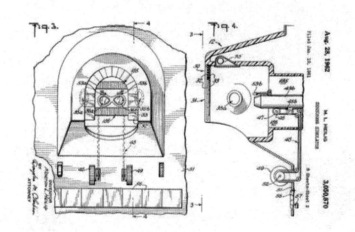

图 1-3-2　Sensorama

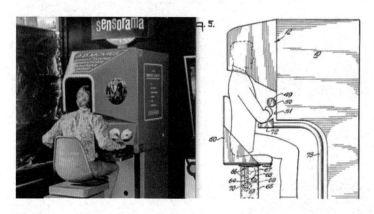

图 1-3-3　Sensorama 的使用场景

读书笔记

知识链接

VIVED VR 是在 1985 年投入美国国家航空航天局（NASA）服务的虚拟现实设备，该设备用于训练并增强宇航员的临场感，使其更好地适应太空工作。

1968 年，计算机科学家 Ivan Sutherland 终于开发了一款可以戴在头上的 VR 设备的终极显示器——达摩克利斯之剑，如图 1-3-4 所示。达摩克利斯之剑具备现代 VR 设备的所有功能，包括立体观影视觉、计算机虚拟画面、头部位置追踪，还可以通过手部操作在虚拟世界中实现互动。但是该设备非常笨重，必须使用吊绳将其悬挂在天花板上才能进行佩戴。

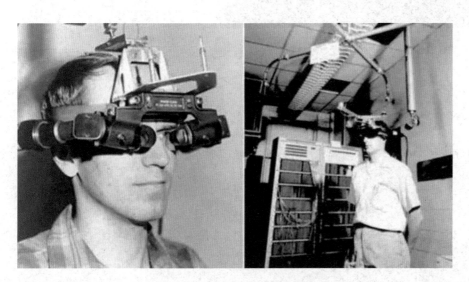

图 1-3-4　达摩克利斯之剑

1985 年，Jaron Lanier 创办了 VPL Research 公司，研究出了集中 VR 设备，使虚拟现实逐渐被人知晓，并于 1990 年首次提出 VR 这个概念，当时 VR 设备是指立体眼镜和传感手套等一系列传感辅助设备。

1993 年，游戏公司 SEGA 推出一款 VR 头戴式显示器（简称头显）——SEGA VR。1994 年，游戏公司任天堂推出 Virtual Boy 头显，但是由于其画面清晰度低，给用户带来的体验感不好，最后只能"惨淡收场"。

21 世纪以来，虚拟现实技术高速发展。17 岁少年 Palmer Luckey 在自家车库中通过研究拆解 1970—2000 年年初的 VR 设备，制作出了 Rift 头显，如图 1-3-5 所示。2012 年，他成立了自己的公司 Oculus，并在众筹平台上吸引了超过 250 万美元的资金。2014 年 Oculus 公司被 Facebook 以 20 亿美元收购。

知识链接
1990 年，VPL Research 公司开发出第一套传感手套 DataGloves 和第一套头戴式显示器 EyePhoncs。

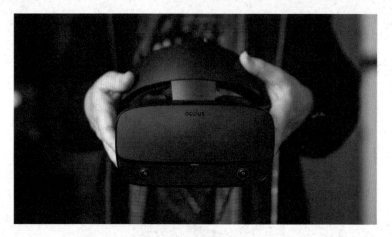

图 1-3-5　Rift 头显

同年，Google 推出售价仅 5 美元的 VR 头显 Cardboard，如图 1-3-6 所示，它适用于市面上大多数智能手机，开启了移动 VR 设备的新时代。Cardboard 便携且价格低，让更多人体验到了 VR 设备的魅力。

图 1-3-6　Cardboard

Cardboard 在红遍全球的同时，也间接推动了三星 Gear VR 的发展。暴风魔镜、Three Glasses、大鹏 VR 等诸多价格亲民的国产 VR 头显也相继问世。计算机技术的进步和硬件成本的下降，使以前只停留在高端实验室的 VR 头显走进了寻常百姓家。

二、虚拟现实技术的国内外发展现状

（一）国内虚拟现实技术的发展现状

在我国工业和信息化部的要求下，虚拟现实技术已经成为国家科研工程中的核心工程，虚拟现实技术研究工作也得到了各大科研机构和高校的大力支持，其研究成果显著。北京航空航天大学是虚拟现实技术研究的权威机构之一，主要进行虚拟现实技术中三维动态数据库及其分布式虚拟环境等方面的研究工作，并对虚拟现实技术中物体特点的处理模式进行探索。

2010 年 12 月，虚拟现实技术与系统国家重点实验室通过科学技术部验收，正式成为我国第一个专门从事虚拟现实技术与系统研究的国家重点实验室，主要围绕航天航空、国防军事、医疗手术、装备制造和文化教育等五大领域进行深入理论研究、技术突破、系统研制和应用示范。

（二）国外虚拟现实技术的发展现状

虚拟现实技术起源于美国，美国拥有主要的虚拟现实技术研究机构，其中 NASA Ames 实验室就是虚拟现实技术的"出生地"。美国实验室在 20 世纪 80 年代已经开始研究空间信息领域，在 20 世纪 80 年代中期创建了虚拟视觉环境研究工程，随后又创建了虚拟界面环境工作机构。美国的虚拟现实技术水平在一定程度上代表了国际上的虚拟现实技术水平，在感知、界面、软/硬件等方面有深入的研究。例如，在航空航天方面，美国设计了空间站虚拟现实技术训练系统，如图 1-3-7 所示，NASA 宇航员佩戴 VR 头显，参与失重状态对宇航员运动、方向和距离感知的影响的研究；在教育事业方面，美国成立了虚拟现实教育系统；在军事领域，美国利用虚拟现实技术设计虚拟战场，进行各种形式的模拟训练。

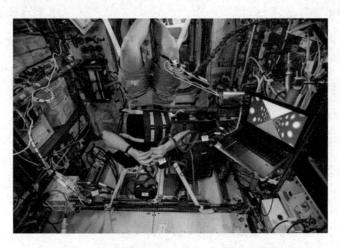

图 1-3-7　虚拟现实技术在航空航天中的应用

英国对虚拟现实技术某些方面的研究也处于世界前列，尤其是对虚拟现实技术的处理、辅助设备设计研究等。日本对虚拟现实游戏领域的研究也有所进展。

三、虚拟现实技术在各领域的应用

（一）医疗

虚拟现实技术在医疗领域的应用可以从两个角度来看。

从患者角度来看，沉浸式虚拟现实可以减轻患者的压力，有助于病人恢复。例如，路易斯维尔大学的研究人员尝试应用虚拟现实技术来治疗焦虑和恐惧症。2022 年，全球首个用于治疗恐高症的医疗器械获批，这是中国首个获批的使用 VR 设备治疗特定恐惧心理的康复软件，如图 1-3-8 所示。

问题摘录

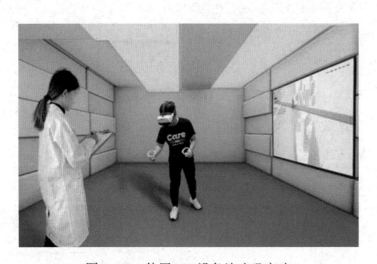

图 1-3-8　使用 VR 设备治疗恐高症

从医生角度来看，虚拟现实技术在帮助医生进行训练方面有广泛的应用。虚拟现实技术可以展现虚拟人体模型，让医生更真实、快速地了解人体结构。完全沉浸式的三维手术模拟能够帮助训练年轻医生，使其以操作者的视角观看、学习手术，最大限度地接近实际操作场景，如图 1-3-9 所示。对于更精细的手术的学习，虚拟现实技术也有较大的帮助作用，医生可以在手术之前应用医用虚拟现实技术反复练习手术操作，效率高、成本低。2016 年，上海瑞金医院首次成功应用虚拟现实技术实现三维腹腔镜手术直播。

知识链接
2017 年，英国伦敦皇家自由医院使用虚拟现实技术实现了世界上第一例应用 360VR 技术治疗脑动脉瘤的案例。

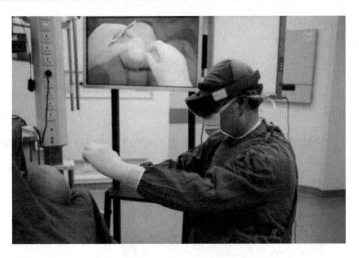

图 1-3-9 三维手术模拟训练

（二）教育

虚拟现实技术在教育领域有着极大的优势。

虚拟现实技术的视觉效果很逼真，让学生能够轻松体验到现实中的各种环境和场景，也能够更高效地探索未知领域。人类对图形化、真实化的事物更感兴趣，并且视觉记忆的效果要远胜于文字记忆，因此虚拟现实技术能大幅度提高学生的学习效率。

虚拟现实技术能够让抽象的事物具象化，小到分子、原子和细胞，大到太空星系，一切现象尽在掌握。

在很多专业技能的实训中，培训者和学员都有可能面临一定的风险，如军事、医疗、飞行、消防等领域，而使用虚拟现实技术能大大降低受到伤害的风险。

在虚拟现实的场景中，虚拟现实技术可以帮助教师更有效地观察学生的反应，并及时反馈。在全球高度一体化的今天，语言障碍对很多人来说是亟待解决的问题，在虚拟现实技术的帮助下能够消除因地理边界导致的语言障碍。

而对特殊学生来说，虚拟现实技术的帮助就更大了。无论是老年学生还是偏远地区的学生，都能够使用 VR 设备获得海量的优质资源。在我国 2022 年 1 月发布的相关文件中，鼓励充分应用虚拟现实、人工智能等新技术推进特殊教育、智慧校园课堂的建设，政策的支持更有助于推动虚拟现实技术在教育领域的发展。

（三）商业

虚拟现实技术很早就已经应用于商业领域，例如，VR 看房、VR 购物、VR 选购酒店、VR 旅游等，如图 1-3-10 至图 1-3-13 所示。

图 1-3-10　VR 看房

图 1-3-11　VR 购物

图 1-3-12　VR 选购酒店

图 1-3-13　VR 旅游

在 2016 年"双十一"期间，淘宝网、天猫网推出全球首个虚拟现实购物商场——Buy+。Buy+利用 TMC 公司的三维动作捕捉技术来捕捉消费者的动作，并触发虚拟环境的反馈，从而实现虚拟现实中的互动。

Virtalis 公司通过使用虚拟现实技术，让制造商们可以真实地感知处于施工阶段的工程，如建造轮船、汽车、飞机等，以提高产品的生产质量，减少误差，避免返工。

（四）其他

当然，虚拟现实技术在很多其他领域也有丰富的应用。

例如，在刑侦领域，虚拟现实技术可以还原犯罪现场，还可以与场景中的物体进行交互，以便相关人员在其中进行反复、仔细的勘查，如图 1-3-14 所示。

虚拟现实技术在娱乐游戏领域也有很多应用，除了一些大型场地对战、赛车、射击等游戏，还可以应用虚拟现实技术让人们感受游乐园项目的刺激，如图 1-3-15 所示。

知识链接

Unimersiv 网站提供了大量的在线虚拟教育内容，通过 VR 设备，使学生可以参加沉浸式课程。虚拟现实技术在教育领域的应用场景还有很多，如智慧教室、博物馆、图书馆、展览馆等。

学习思考

虚拟现实与 VR 全景关系是什么？

图 1-3-14　还原犯罪现场

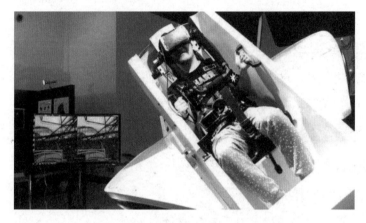

图 1-3-15　过山车项目

四、发展虚拟现实技术背后的支持

2022 年 11 月 2 日，工业和信息化部、教育部、文化和旅游部、国家广播电视总局、国家体育总局五部门发布《虚拟现实与行业应用融合发展行动计划（2022—2026 年）》。其中提出了五大重点任务。

任务一，推进关键技术融合创新。提升"虚拟现实+"内生能力与赋能能力，加快近眼显示、渲染处理、感知交互、网络传输、内容生产、压缩编码、安全可信等关键细分领域的技术突破，强化与 5G、人工智能等新一代信息技术的深度融合。

任务二，提升全产业链供给能力。面向大众消费与行业领域的需求定位，全面提升虚拟现实关键器件、终端外设、业务运营平台、内容生产工具、专用信息基础设施的产业化供给能力。提升终端产品的舒适度、易用性与安全性。

任务三，加速多行业多场景应用落地。面向规模化与特色化的融合应用发展目标，在工业生产、文化旅游、融合媒体、教育培训、体育健康、商贸创意、演艺娱乐、安全应急、残障辅助、智慧城市等领域，深化虚拟现实与行业的有机融合。

任务四，加强产业公共服务平台建设。面向行业共性需求，依托行业优势资源，重点建设共性应用技术支撑平台、沉浸式内容集成开发平台、融合应用孵化培育平台，持续优化虚拟现实产业发展支撑环境。

任务五，构建融合应用标准体系。加强标准顶层设计，构建覆盖全产业链的虚拟现实综合标准体系。加快健康舒适度、内容制作流程等重点标准的制定推广，推动虚拟现实应用标准研究。

《"十四五"数字经济发展规划》明确了我国数字经济的发展目标：数字经济核心产业增加值占国内生产总值（GDP）比重从 2020 年的 7.8%提升至 2025 年的 10%。作为数字经济的增长点，在国家层面的支持之下，"元宇宙"也成为政府积极布局的重点，多地区将"元宇宙"写入 2022 年政府工作报告的工作安排中。

以浙江省为例，2022 年 1 月 5 日，浙江省数字经济发展领导小组办公室发布的《关于浙江省未来产业先导区建设的指导意见》提出，"元宇宙"与人工智能、区块链、第三代半导体并列，是浙江省到 2023 年重点未来产业先导区的布局领域之一；浙江省将加快在脑机协作、虚拟现实、区块链等领域搭建开放创新平台，促进产业技术赋能和集成创新。

问题摘录

_____

_____

_____

_____

▎任务小结

通过对本项目的学习，我了解到了虚拟现实技术的发展历程，我知道了虚拟现实技术起源于_____，我知道了虚拟现实技术可以应用于_____、_____、商业、游戏等领域。

▎挑战任务

请根据所学内容，思考虚拟现实技术在你的专业领域中的应用场景和优势。

项目评价

完成本任务的学习后，请同学们在相应评价项打"√"，完成自我评价，并通过评价肯定自己的成功，弥补自己的不足。

项目实训评价表					
项目	内容		评定等级		
	学习目标	评价目标	幼鸟	雏鹰	雄鹰
职业能力	掌握虚拟现实技术的发展和应用	能简述虚拟现实技术的发展历程			
		能说出虚拟现实技术的应用领域			
		能掌握虚拟现实技术的应用优势			
通用能力	分析问题的能力				
	解决问题的能力				
	自我提高的能力				
	自我创新的能力				
综合评价					

评定等级说明表	
等级	说明
幼鸟	能在指导下完成学习目标的全部内容
雏鹰	能独立完成学习目标的全部内容
雄鹰	能高质量、高效地完成学习目标的全部内容，并能解决遇到的特殊问题

最终等级说明表	
等级	说明
不合格	不能达到幼鸟水平
合格	可以达到幼鸟水平
良好	可以达到雏鹰水平
优秀	可以达到雄鹰水平

项目二

2

虚拟现实场景项目制作流程和搭建技术

虚拟现实场景项目制作流程和搭建技术

虚拟现实硬件分析

虚拟现实场景软件分析

虚拟现实场景设计项目制作流程

项目描述

本项目通过对虚拟现实场景项目进行软、硬件分析，使学生掌握常见的虚拟现实硬件设备的使用方式，了解背后的技术支持和相关硬件参数，以便后期进行设备选择和调试。了解常用的三维建模软件、贴图绘制软件和渲染软件，为学习软件操作打好基础。掌握整体虚拟现实场景制作和搭建流程。

任务要点

- 虚拟现实场景硬件分析
- 虚拟现实场景软件技术
- 虚拟现实场景设计项目制作流程

项目分析

在本项目中，学生通过对虚拟现实硬件设备的学习，为之后虚拟现实场景的测试打好基础，掌握常用虚拟现实硬件和基本参数；通过学习虚拟现实场景软件，了解能够使用虚拟现实硬件搭建、贴图和渲染的软件，熟悉虚拟现实场景搭建软件的环境；掌握虚拟现实场景项目制作的基本流程，对本书的项目进行整体感知。

知识加油站

2021 年 6 月 1 日，浙江省经济和信息化厅发布《浙江省数字基础设施发展"十四五"规划》，提出聚焦医疗、教育、旅游、应急等领域，推动 5G、人工智能、AR/VR 等新技术基础设施在远程会诊、无线监护、远程互动教学、全息课堂、古建文物数字观览、应急处置演练等典型场景的融合应用。

党的二十大报告指出，完善人才战略布局，坚持各方面人才一起抓，建设规模宏大、结构合理、素质优良的人才队伍。加快建设世界重要人才中心和创新高地，促进人才区域合理布局和协调发展，着力形成人才国际竞争的比较优势。

任务一　虚拟现实硬件分析

任务目标

1. 掌握常用的虚拟现实硬件设备的种类
2. 掌握虚拟现实硬件设备的基本参数

任务描述

通过对虚拟现实硬件设备的学习，学生可以了解常用的虚拟现实硬件设备，并掌握硬件设备的基本参数，将其作为后面虚拟现实场景设计的参考数值。

任务导图

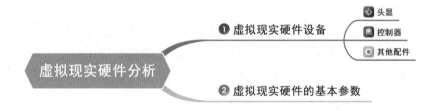

实现过程

一、虚拟现实硬件设备

虚拟现实硬件设备主要包括三部分：主机系统、头戴式显示器（Head Mounted Display，HMD）和交互设备。

主机系统是指个人计算机、控制器等，是虚拟现实系统的引擎。为了能够支持交互式的三维环境，它需要有强大的计算能力，这些设备可以为虚拟现实技术提供强大的动力，为 HMD 提供各种功能保证。

头戴式显示器，包括三维视觉显示部分和 VR 声音设备。

交互设备是使用户能够得到沉浸式体验的重要组件之一，如图 2-1-1 所示。常见的交互设备有操纵杆、追踪仪、数据手套、动作捕捉设备、眼动仪等。

知识链接

数据手套是虚拟现实系统中最常用的交互工具之一，手套中有弯曲传感器，能够使操作者以更自然、更有效的方式与虚拟世界进行交互。

图 2-1-1　交互设备

（一）头戴式显示器

现代主流的虚拟现实头戴式显示器（简称头显）设备主要包括两类：PCVR 和 VR 一体机。这两者的区别很明显，PCVR 需要连接高性能的台式计算机，以得到更高的画质、更流畅的动画及更低的延迟。而 VR 一体机无须外接设备就可以直接使用。

按照目前头显定位技术的不同，可将虚拟现实头显分为三类：外置激光定位头显、外置图像处理定位头显和内置图像处理定位头显。外置激光定位头显，通过外置的激光发射器对设备进行定位，其优点是速度快、位置准，缺点是成本高。外置图像处理定位头显，通过外置摄像头对拍摄头盔和手柄上的光点进行定位。内置图像处理定位头显，通过头盔上的摄像头拍摄画面的变化来定位头盔运动，优点是不需要外置其他设备，缺点是定位精度低。

1. PCVR

PCVR 头显有 Oculus Rift（于 2021 年停售，Oculus Quest2 可支持连接计算机）、HTC Vive、Valve Index、PSVR 和 HP Reverb G2。HTC Vive 是外置激光定位头显，如图 2-1-2 所示；索尼公司的 PSVR 是外置图像处理定位头显；微软公司和惠普公司的 HP Reverb G2 头显是内置图像处理定位头显。

图 2-1-2　HTC Vive

由内而外的跟踪和由外而内的跟踪是利用虚拟现实技术跟踪并复制现实世界中运动位移的两种不同的方法。由内而外的跟踪（Inside-Out tracking）使用头显内部的传感器追踪，头显上的摄像头将记录真实环境中的一些固定点，并以此作为参考点来记录用户的运动坐标。由外而内的跟踪（Outside-In tracking）通过外部跟踪设备，如相机等来模拟用户所处的虚拟范围，精确度高但活动范围受限。

2．VR 一体机

VR 一体机主要由外置图像定位，由显示器、处理器、扬声器、电池、陀螺仪等硬件构成。市面上的 VR 一体机主要以 Oculus 和 Pico 为主。

（二）控制器

目前市面上比较适用于虚拟现实系统的主流控制器主要有两种：Vive 控制器和 Touch 控制器。

1．Vive 控制器

Vive 控制器的顶端是一个横向的空心圆环，圆环上面的凹孔用于定位。在持握时，拇指方向是一个圆形的触控板，食指方向是扳机。Vive 控制器的整体像一个头重脚轻的哑铃，如图 2-1-3 所示，其按钮功能如图 2-1-4 所示。

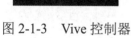
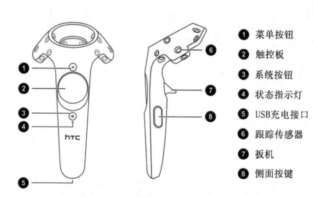

❶ 菜单按钮
❷ 触控板
❸ 系统按钮
❹ 状态指示灯
❺ USB 充电接口
❻ 跟踪传感器
❼ 扳机
❽ 侧面按键

图 2-1-3　Vive 控制器　　　图 2-1-4　Vive 控制器的按钮功能

Vive 控制器提供了震动功能，能够提供用户交互过程中的力反馈。

2．Touch 控制器

Touch 控制器是 Oculus 公司研发的新版虚拟现实手柄，是与 Oculus Rift 头显配套使用的输入设备。Touch 控制器由一个带有控制器的手柄和一个半圆形的手环组成，如图 2-1-5 所示。该设备允许摄像机对用户的手部进行追踪，它集成了高精度、低延迟的 360°垂直和水平追踪能力，可以利用传感器追踪手指动作。

图 2-1-5 Touch 控制器

Touch 控制器的手势识别功能非常高级，控制器内置大量传感器矩阵，可以感知用户多样化的手势。例如，可以感知用户伸出食指，如图 2-1-6 所示；或者可以感知用户竖起拇指，如图 2-1-7 所示。由于手环的设计，当用户张开手掌时，手柄依然保持在原地，这使得 Touch 控制器与其他虚拟现实控制器不同，在使用时不要求用户一直握紧手柄。

学习笔记

图 2-1-6 伸出食指　　　　　图 2-1-7 竖起拇指

在 Touch 控制器的拇指摇杆上有两个传感器，分别是电容敏感控制传感器和接近感应控制传感器，因此 Touch 控制器能够判断食指、中指和拇指的四种姿态：抬起、弯曲（靠近）、触摸和按下。同时也能够检测到用户手指按下的深浅程度，这样可以设计一些握力变化的玩法，加上震动效果，进一步增加虚拟现实的沉浸感。

问题摘录

3. 其他配件

对 HTC Vive 系统来说，不可缺少的配件还有空间定位基站和串流盒，如图 2-1-8 和图 2-1-9 所示。空间定位基站采用激光来定位用户在虚拟现实场景里的位置；串流盒用于连接 HTC Vive 头盔和主机，将虚拟现实的内容串流给头盔。

图 2-1-8　空间定位基站

图 2-1-9　串流盒

　　为满足用户更广泛的需求，Valve 公司还开发了一些外部设备配合使用，如 Vive 面部追踪器、Vive 追踪器（3.0）等。Vive 面部追踪器是一块固定在 VR 头显下方、用户嘴部前方的一块平板部件，如图 2-1-10 所示，它使用两个摄像头和一个红外照明装置，可以实现嘴部动态和声音同步，同时可以追踪下巴、牙齿、舌头、脸颊和下颚的 38 种面部动作，能够精确地模拟并带入虚拟人物的动作。Vive 追踪器（3.0）如图 2-1-11 所示，可以帮助用户完成多种配件的定位，广泛应用于网球、挥剑等游戏中，也可以置于手套、枪械、相机等设备上，巧妙地应用 Vive 追踪器可以为用户带来前所未有的虚拟现实体验。

图 2-1-10　Vive 面部追踪器

图 2-1-11　Vive 追踪器（3.0）

　　与 Oculus Rift 头显配套的星座（Constellation）追踪器，也被称为星群追踪器，其外形如图 2-1-12 所示，是与 HTC Vive 系统空间定位基站类似的定位装置，星座追踪器、头显头部的位置和它们所在的空间的位置共同构成了星座追踪系统。

图 2-1-12　星座追踪器的外形

二、虚拟现实硬件的基本参数

（一）自由度（Degree Of Freedom，DOF）

自由度决定了物体的移动方向数，在三维中，移动方向数可以用于表示物体与平面 XY、XZ 和 YZ 的角度，以及物体在 x、y 和 z 轴上与原点的距离。自由度是用于衡量定位系统功能和性能的重要指标之一。

3-DOF 是指头显仅跟踪用户的旋转运动，即头显仅记录用户向左或向右转身、向上抬头或向下低头，以及向左或向右偏头的头部动作；6-DOF 是指头显除了能够跟踪上述动作，还能跟踪平移运动，即能够记录用户向前、向后、向左、向右移动，以及起立、下蹲的动作。两种不同自由度的跟踪区别如图 2-1-15 所示。

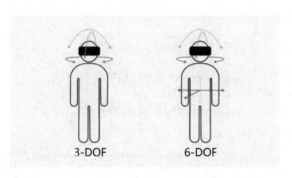

图 2-1-15　两种不同自由度的跟踪区别

目前市面上主流的虚拟现实定位系统的自由度是 6-DOF。

（二）分辨率

分辨率是指虚拟现实头显屏幕的像素数量，是影响图像清晰度的关键指标之一。在其他条件相同的情况下，分辨率越高，清晰度就越高。高分辨率意味着更多的像素，可以渲染更多细节。

（三）视野（Field Of Vision，FOV）

视野是指人眼能看到虚拟内容的可视范围。视野分为水平视野和垂直视野。一般人的视野范围为 200°，而 FOV 的数值会直接影响人的沉浸感，市面上大多数头显的视野范围为 100°～120°。

学习辅助

串定位系统是虚拟现实系统的重要组成部分之一，它能使用户在虚拟空间自由移动。从体验上来说，6-DOF 可以使定位更准确，为用户带来更强的体验感。

知识链接

在虚拟现实硬件上，渲染的图像会被拉伸得更宽，看起来要比平面屏幕大得多。并且对立体视图而言，用户的每只眼睛只能看到实际分辨率的一半。例如，用户使用单眼看 4K 分辨率的视频，只能看到 2K 分辨率。

（四）帧率（Frame Per Second，FPS）

帧率是指每秒显示多少幅图像。低帧率的显示器会使显示的图像运动断断续续，高帧率的显示器会使显示的图像运动更加连贯。帧率取决于计算机的中央处理器（CPU）和图像处理单元（GPU）。为防止用户头晕，一般虚拟现实硬件要保持高帧率，至少为 90fps。

（五）刷新率

刷新率是指显示器每秒刷新或重绘图像的次数，单位是赫兹（Hz）。刷新率越高，图像越稳定，显示越清晰。目前市面上的虚拟现实硬件的刷新率为 90Hz。一般刷新率应与帧率匹配，否则显示器显示的图像将与计算机生成的图像不匹配。

▌任务小结

通过本项目的学习，我知道了主流的虚拟现实头显设备主要包括两类：_____和_____。我知道了虚拟现实系统的定位方式主要有三种，分别是_____、_____和_____。我知道了虚拟现实硬件的基本参数有_____、分辨率、视野、_____和_____。

▌挑战任务

请根据所学内容，通过查找资料分析 HTC Vive 和 Oculus Quest2 两款 VR 头显的参数性能。

学习思考

帧率和刷新率的关系和区别是什么？

项目评价

完成本任务的学习后,请同学们在相应评价项打"√",完成自我评价,并通过评价肯定自己的成功,弥补自己的不足。

项目实训评价表					
项目	内容		评定等级		
	学习目标	评价目标	菜鸟	雏鹰	雄鹰
职业能力	掌握虚拟现实硬件	能说出虚拟现实硬件及其部件的种类和组成			
		能分析虚拟现实硬件基本参数			
通用能力	分析问题的能力				
	解决问题的能力				
	自我提高的能力				
	自我创新的能力				
综合评价					

评定等级说明表	
等级	说明
幼鸟	能在指导下完成学习目标的全部内容
雏鹰	能独立完成学习目标的全部内容
雄鹰	能高质量、高效地完成学习目标的全部内容,并能解决遇到的特殊问题

最终等级说明表	
等级	说明
不合格	不能达到幼鸟水平
合格	可以达到幼鸟水平
良好	可以达到雏鹰水平
优秀	可以达到雄鹰水平

任务二　虚拟现实场景软件技术

任务目标

1. 了解常用三维建模软件
2. 了解常用贴图绘制软件
3. 了解虚拟现实内容创作平台

任务描述

通过对常用三维建模软件、贴图绘制软件和虚拟现实内容创作平台的学习，学生可以了解虚拟现实场景搭建的常用软件，了解软件环境的基本信息和操作环境，为后续软件操作的学习做好准备。

任务导图

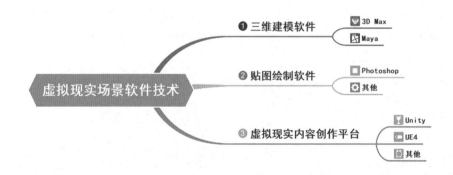

学习新知

一、三维建模软件

现在市面上的三维建模软件的种类非常丰富。例如，适合建模的 Autodesk 123D 软件可以进行简单图案的堆砌；在线使用的 Tinkercad 软件是简单的网页三维建模工具。在工业三维设计领域的软件有 SolidWorks、Pro/E、UG、CATIA、Cimatron。在艺术三维设计领域的软件有 Rhinocero，可以用于建筑、工业设计、产品设计等，还可以用于多媒体和平面设计；ZBrush 软件用于数字雕刻和绘画。在三维动

知识链接

SolidWorks 软件用于设计和研发机械装置；Pro/E 软件用于汽车、航天、模具、玩具、家电等行业的工业设计和机

画设计领域的软件有 3D Max 和 Maya，下面将对 3D Max 和 Maya 这两个软件进行简单介绍，Maya 软件是本书虚拟场景搭建项目中用到的主要软件之一。

（一）3D Max

3D Max 是 3D Studio Max 的简称，其软件图标如图 2-2-1 所示。3D Max 是由 Autodesk 公司（原开发者为 Discreet 公司，后被 Autodesk 公司合并）开发的一款基于计算机系统的三维建模、渲染和动画制作的软件，广泛应用于影视、广告、工业设计、建筑设计、多媒体制作、游戏等领域。从 3D Max 1.0 开始，每年 3D Max 都会更新版本，现在的最新版本是 3D Max 2023。

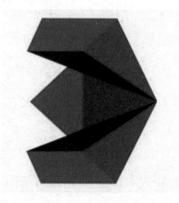

图 2-2-1　3D Max 软件图标

3D Max 软件主要特点如下。

（1）对计算机系统的配置要求比较低，安装 3D Max 2022 软件的系统最低配置参数如表 2-2-1 所示。

表 2-2-1　安装 3D Max 2022 软件的系统最低配置参数表

操作系统	64 位 Microsoft 或 Windows 10
CPU	支持 SSE 4.2 指令集的 64 位 Intel 或 AMD 多核处理器
RAM	大于或等于 4 GB 的 RAM（建议使用 8GB 或更大的空间）
磁盘空间	9 GB 的可用磁盘空间（用于安装）

（2）性价比较高。

（3）比较容易上手，对新手很友好。

械制造；UG 软件用于产品设计、工程和制造的开发全过程；CATIA 软件用于航天、汽车、厂房等机械制造；Cimatron 软件用于模具的设计加工。

学习辅助

V-Ray 是由 Chaosgroup 公司和 Asgvis 公司推出的一款高质量渲染软件，有基于 V-Ray 内核开发的 V-Ray for 3D Max、Maya 等多种版本。V-Ray 软件主要用于渲染一些特殊效果，如次表面散射、焦散、全局照明等。

问题摘录

_____

_____

_____

_____

_____

_____

（4）建模功能灵活强大，内置几何体建模、样条线建模、复合建模、曲面建模、布料建模、多边形建模等功能。

（5）能够使用 V-Ray 材质，制作出非常真实的材质效果，如反射、纹理、凹凸、折射、发光灯。

（6）能够配合 V-Ray 灯光模拟现实生活中的光照效果。

（7）兼容性好，能够与 CAD、SketchUp、Photoshop、V-Ray、Revit 等软件配合使用。

（8）拥有丰富的模型库和材质库。

（二）Maya

1998 年，Autodesk 公司正式推出一款三维制作软件 Maya，该软件在动画和特技效果制作方面都处于业界领先的地位，如今已经更新到 Maya 2023 版本，其软件图标如图 2-2-2 所示。

图 2-2-2　Maya 软件图标

Maya 软件作为世界顶级的三维动画制作软件，集三维计算机动画、建模、仿真和渲染于一体。Maya 软件应用的领域非常广，可以应用于专业的影视广告、角色动画、电影特技等领域，电影《X 战警》系列和迪士尼动画片就是 Maya 软件的代表作。Maya 软件可以帮助用户开发丰富的三维图像，同时也可以大大提高电影、电视、游戏等领域开发、设计、创作的工作效率。

Maya 软件的特点如下。

（1）校准良好的用户界面，Maya 软件的用户界面很人性化，其功能的逻辑设置、管理很出色，用户界面如图 2-2-3 所示。

学习笔记

问题摘录

学习笔记

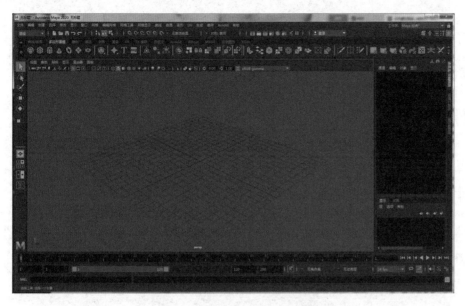

图 2-2-3　Maya 软件的用户界面

（2）功能全面，Maya 软件不仅具有一般的三维和视觉效果制作的功能，而且具有非常全面的 CG 功能，可以与最先进的建模、数字化布料模拟、毛发渲染、运动匹配技术结合，有建模、粒子系统、头发生成、植物创建、服装模拟等功能。

（3）Maya 软件建模简单且可塑性强。

（4）Maya 软件不需要第三方插件就可以实现复杂功能，尤其是在视觉特效方面不需要额外的插件成本。

（5）Maya 软件渲染质量高，Maya 软件拥有功能强大的电影级质量渲染器（Mental Ray）。

（6）Maya 软件本身的成本较高。

（7）Maya 软件对电脑硬件配置要求比较高，由于后期项目任务都需要在 Maya 2020 软件上完成，因此安装 Maya 2020 软件的系统最低配置参数如表 2-2-2 所示。

表 2-2-2　安装 Maya 2020 软件的系统最低配置参数

操作系统	Microsoft Windows 7 (SP1)、Windows 10 Professional、Windows 10 1607 或更高版本操作系统 Apple macOs 11.x、10.15.x、10.14.x、10.13.x 操作系统 Linux Red Hat Enterprise 7.3、7.4、7.5、7.6、7.7 WS 操作系统 Linux CentOs 7.3、7.4、7.5、7.6、7.7 操作系统
CPU	支持 SSE 4.2 指令集的 64 位 Intel 或 AMD 多核处理器 在 Rosetta 2 模式下支持采用 M 系列芯片的 Apple Mac 型号

学习辅助

CG 是 Computer Graphics（电脑图像）的英文缩写，是通过计算机软件绘制的一切图形的总称。国际上习惯将利用计算机技术进行视觉设计和生产的领域统称为 CG。

学习辅助

视觉特效，Visual Effects，简写为 VFX，是一种通过创造图像和处理真人拍摄范围外的镜头，以传统 SFX 技术与数码化特殊效果结合，将计算机生成图像（CGI）的三次元（CG）与二次元实际影像（DIP）混合使用，创造出比以往更加逼真的特效场景的技术。

续表

RAM	8GB RAM（建议使用 16 GB 或更大空间）
磁盘空间	4GB 可用磁盘空间（用于安装）

二、贴图绘制软件

在三维行业内有一句话："三分模型，七分贴图"，可见贴图的重要性。三维中的材质和纹理贴图主要用于描述对象表面的物质状态，以及构造真实世界中自然物质表面的视觉表象。一个优秀的模型为场景搭建提供了一个好的开端，而合适且自然的贴图会为绘制的场景"锦上添花"，优秀的模型和合适的贴图是相辅相成的，两者都很重要。

最早的三维项目都是使用 Photoshop 软件进行纹理贴图的绘制和修补工作的。随着科技的进步，现在也有了很多绘制纹理贴图的专用软件。

（一）Photoshop

Photoshop，简称 PS，是由 Adobe Systems 公司开发的图像处理软件，PS 软件主要用于处理像素构成的数字图像。Photoshop 2023 为市场最新版本。

PS 软件有很多功能，能够对图像进行编辑、合成、校色、调色和功能色效制作等。PS 软件被广泛应用于平面设计、广告摄影、影像创意、网页制作、后期修饰、界面设计等。

纹理贴图最常用的方法如下：首先使用三维软件把低模的 UV 展开；然后输出一个含有 UV 线的纹理图，如图 2-2-4 所示；最后使用 PS 软件进行绘制或处理。在后面的项目中都将使用 PS 软件完成纹理贴图工作。

（二）Mari

Mari 是 Foundry 公司开发的独立纹理贴图绘制软件，是 Weta Digital 公司为了制作电影《阿凡达》而开发的程序，可以处理高度复杂的绘制。

知识链接

3D Max 软件主要应用于室内设计、建筑景观、游戏制作等领域，多用于室内和室外效果图制作、建筑景观等；Maya 软件主要应用于影视动画领域。

知识链接

UV 是驻留在多边形网格顶点上的二维纹理坐标点。很多 UV 被称为 UVs，UVs 定义了一个二维纹理坐标系统，被称为 UV 纹理空间。如果没有 UVs，多边形网格将不能被渲染出纹理。为一个表面创建 UVs 的过程被称为 UV 贴图，也被称为 UV 展开。

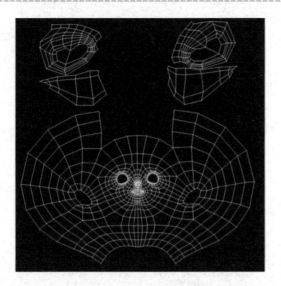

图 2-2-4　含有 UV 线的纹理图

问题摘录

学习笔记

（三）ZBrush

ZBrush 是一款数字雕刻和绘画软件，可以轻松塑造各种数字生物的造型和肌理，但是操作比较烦琐，只用于高级模型的绘制。

（四）Mudbox

Mudbox 是 Autodesk 公司开发的一款雕刻软件，可以使用笔刷、印戳、蜡纸等工具快速雕刻和创造逼真的纹理，上手简单。

（五）BodyPaint

BodyPaint 是一款 UV 贴图软件，可以直接在三维物体上进行贴图绘制，是 Cinema 4D 软件绘制功能中的单独模块。

（六）Substance Painter

Substance Painter 是最常用的 PBR 材质制作软件，可以直接在三维模型上绘制纹理，效率很高，在效果和功能方面都很强大，被公认为最具创新性和对用户友好的三维贴图绘制软件。

三、虚拟现实内容创作平台

虚拟现实内容创作平台的实质是虚拟现实引擎，即以底层编程语言为基础的一种通用开发平台，它包括各种硬件交互接口、图形数

知识链接

除了左侧介绍的三维贴图绘制软件，还有 3D Coat、Quixel Suite、Megascan 等软件也能进行模型雕刻，并支持三维模型的纹理贴图绘制。

据管理和绘制模块、功能设计模块、网络接口等功能。基于这种平台，用户可以专注于虚拟现实系统的功能设计和开发，而无须考虑底层程序的问题。

下面介绍几种常用的虚拟现实内容创作工具。

（一）Unity

Unity，常称 U3D，是由 Unity Technologies 公司开发的实时三维内容创作和运营平台，其平台 Logo 如图 2-2-5 所示。Unity 平台提供一整套完善的软件解决方案，可用于创作、运营、变现任何实时互动的二维和三维内容，是一个可以让用户创建三维视频游戏、实时三维动画、建筑可视化等类型互动内容的多平台的综合型游戏开发工具，也是一个全面整合的专业游戏平台。

图 2-2-5　Unity 平台 Logo

Unity 平台可以支持平台包括手机、平板电脑、计算机、游戏主机、增强现实和虚拟现实设备。

Unity 平台可以应用于 ATM（汽车、运输、制造）、AEC（建筑、工程、施工）、游戏、影视动画、教育等多个行业，也可以为不同行业提供了不同的开发平台。除了有核心平台的 Unity Pro（专业版）、Unity Plus（加强版）、Unity Personal（个人版）等，还有专门为游戏行业服务的 Unity Distribution Portal（游戏分发平台）、Multiplay（游戏托管服务）等，以及为工业应用服务的 Unity Reflect、Interact、Pacelab WEAVR 等。

Unity 平台的最新版本是 5.3.4，Unity 平台的用户手册详细介绍了平台提供的各种功能，如图 2-2-6 所示。

知识链接
Interact 可在任何设备上从 CAD 模型创建高级 AR、VR 和 XR 应用。Pacelab WEAVR 是一个完整的 XR 平台。（XR 是指扩展现实，是 AR、VR、MR 等多种技术的统称。）

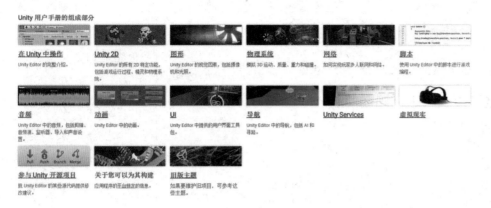

图 2-2-6　Unity 平台的用户手册

Unity 平台能够为用户实现工作创作自由，提高工作效率，能够在同一平台上同时完成建模、布局、动画、光照、视觉特效、渲染和合成。

（二）UE4

UE4 是 Unreal Engine 4 的缩写，被称为虚幻 4，是由 Epic Games 公司开发的一款游戏引擎。虚幻 1 是由 Tim Sweeney 开发的，同时他也是 Epic Games 的创始人。第一代虚幻引擎于 1998 年 5 月被发行。

UE4 是一套为游戏开发者设计的构建游戏、模拟和可视化集成的工具，是目前世界上最知名、授权最广的顶尖游戏引擎，占有全球商用游戏引擎市场份额的 80%。

UE4 的功能有很多。例如，实时逼真渲染，UE4 基于物理的渲染技术、高级动态阴影选项、屏幕空间反射及光照通道等功能可以帮助用户灵活且高效地制作项目；蓝图可视化脚本，无须代码即可构建对象行为和交互、修改用户界面等。另外 UE4 还有完整的 C++源代码、稳健的多人框架、视觉特效和粒子系统、灵活的材质编辑器、电影级后期处理效果、包罗万象的动画套件、先进的人工智能等功能。

UE4 能为虚拟现实、增强现实及混合现实体验的创作者提供最高品质的解决方案，通过与最流行的各大平台实现本地集成，使用前向渲染、多重采样抗锯齿（MSAA）、实例化双目绘制及单视场远景渲染等优化手段，UE4 能够在无损性能的前提下制作出高品质的产品。

（三）Vrml

Vrml 平台是虚拟现实平台的鼻祖，特点是文件小、灵活度高，比较适合网络传播，但是其年代久远，画面质量较差。

（四）Cortona

Cortona 有专用的建模工具和动画互动制作工具，特点是文件小、互动性强，适合制作工业方面的产品。

（五）WF

WireFusion，简称为 WF，是拖放式的可视化编辑工具，可以跨平台使用，特点是文件小，适用于一些简单的互动，以及制作产品展示类作品。

（六）Q3D

Quest3D，简称为 Q3D，自带强大的实时渲染器，画面效果不错，适合制作单击产品。

（七）VT

Virtools，简称为 VT，起初定义为游戏引擎，现在主要用于虚拟现实。VT 扩展性好，可以自定义功能，也可以接外设硬件，包括虚拟现实硬件，自由度很大，但是网络插件有功能限制，适合制作单击产品。

任务小结

通过本项目的学习，我知道了完成虚拟现实场景搭建需要用到_____软件、_____软件和虚拟现实内容创作平台，而虚拟现实内容创作平台的实质是_____。常用的三维建模软件主要有3D Max、_____等，常用的贴图绘制软件主要有_____、Mari 等，常用的虚拟现实内容创作平台主要有_____、_____和 VT 等。

知识链接

UE4 内置的 Niagara 和级联粒子视觉效果编辑器能够让用户通过使用大量不同类型的模块，完全自定义粒子系统。UE4 的后期处理包括环境立方体贴图、环境遮挡、高级泛光、颜色分级、景深、人眼适应、镜头光晕等多种实用功能。

学习笔记

_____

_____

_____

_____

_____

实战演练

由于本书的建模项目训练是在 Maya 2020 软件上完成的，因此在本实战演练中，我们将完成 Maya 2020 软件的安装和注册，安装文件如图 2-2-7 所示。

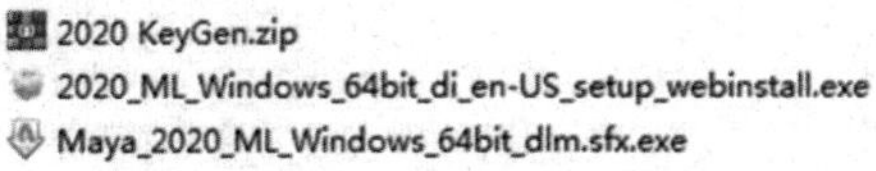

```
2020 KeyGen.zip
2020_ML_Windows_64bit_di_en-US_setup_webinstall.exe
Maya_2020_ML_Windows_64bit_dlm.sfx.exe
```

图 2-2-7　Maya 2020 软件的安装文件

安装提示：

（1）在解压缩安装包前，注意先将计算机上的杀毒软件关闭，如果使用的是 Windows 10 操作系统，也要将 Windows 10 操作系统自带的杀毒软件关闭。

（2）解压缩到的文件夹名称中不要出现中文。

（3）安装之前注意计算机的硬件配置是否支持 Maya 2020 软件的安装。

（4）按照应用程序的指示安装完毕后，双击打开 Maya 2020 软件进行注册，输入序列号，进入激活页面。

（5）解压缩激活码压缩包，右击程序文件，在弹出的快捷菜单中选择"以管理员身份打开"命令。

（6）复制申请号，得到激活码，将激活码复制到激活页面中，即可完成安装。

归纳总结：

项目评价

完成本任务的学习后，请同学们在相应评价项打"√"，完成自我评价，并通过评价肯定自己的成功，弥补自己的不足。

项目实训评价表

项目	内容		评定等级		
	学习目标	评价目标	幼鸟	雏鹰	雄鹰
职业能力	掌握虚拟现实场景搭建的常用软件	能说出常用三维建模软件有哪些；能简单介绍 Maya 软件的功能			
		能说出常用贴图绘制软件有哪些；能简单介绍 Photoshop 软件的功能			
		能够说出常用虚拟现实内容创作平台有哪些，并进行简单介绍			
通用能力	分析问题的能力				
	解决问题的能力				
	自我提高的能力				
	自我创新的能力				
综合评价					

评定等级说明表

等级	说明
幼鸟	能在指导下完成学习目标的全部内容
雏鹰	能独立完成学习目标的全部内容
雄鹰	能高质量、高效地完成学习目标的全部内容，并能解决遇到的特殊问题

最终等级说明表

等级	说明
不合格	不能达到幼鸟水平
合格	可以达到幼鸟水平
良好	可以达到雏鹰水平
优秀	可以达到雄鹰水平

任务三　虚拟现实场景设计项目制作流程

任务目标

1. 掌握虚拟现实场景搭建专业流程
2. 掌握本书中的场景建模制作完整流程

任务描述

通过对虚拟现实场景设计项目制作流程的介绍，学生可以了解三维建模软件、贴图绘制软件和虚拟现实引擎在虚拟现实场景搭建项目中的重要作用，掌握完整的虚拟现实场景搭建的专业流程，打好专业基础。通过对场景建模制作完整流程的学习，学生可以对本书中的场景建模制作有整体把握，了解每个单元学习的重要性及前后的连贯性。

任务导图

❶ 虚拟现实场景搭建专业流程

虚拟现实场景设计项目制作流程

❷ 本书中的场景建模制作完整流程

实现过程

一、虚拟现实场景搭建专业流程

虚拟现实场景搭建专业流程如图 2-3-1 所示，主要经过原画分析、建模、模型优化、视觉制作、引擎开发、打包发布这几个步骤。

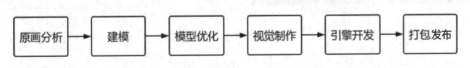

图 2-3-1　虚拟现实场景搭建专业流程图

读书笔记

（一）原画分析

一般在制作虚拟现实场景设计项目时会有原画，拿到原画后不能直接开始建模，而需要先对原画进行分析，尤其当场景中的模型比较多时，需要分析原画中哪些模型是需要制作的；再考虑整体关系，即各部件之间的比例关系。

（二）建模

可用于三维建模的软件有很多，其中最常用的建模软件就是 3D Max 和 Maya。对于复杂场景，可先在 3D Max 软件或 Maya 软件中制作单个建筑或物体，再进行场景整合；对于简单场景，可直接在同一工程文件内完成场景物体的建模和场景的搭建，需要注意场景内各模型的比例。

（三）模型优化

在三维建模软件内建立的模型是没经过优化的高精度模型（简称高模），由于高模面数太多，将面数都显示出来对计算机性能的考验很大，很可能出现计算机死机等状况，因此需要对模型面数进行优化，以加快整个系统的渲染速度，减少系统负荷。例如，删去一些在场景搭建中看不见的面，或者使用"网格"菜单中的"减少"命令来减少面的数量，图 2-3-2 所示为在默认参数下使用"减少"命令优化球体面数的前后的对比。

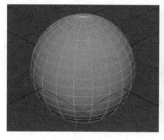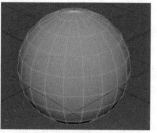

图 2-3-2　优化球体面数的前后的对比

在完成面数优化后，需要进行 UV 展开，由于 UV 展开能够展现模型细节，还能够解决贴图的拉伸、模糊等问题，因此可先在此环节检查是否有翻转和重叠的 UV，再手动调整以达到优化模型的目的。

知识链接

打开 Maya 软件，在"显示"菜单中选择"题头显示"命令，并勾选"多边形计数"复选框，预览窗口的左上角可以显示场景内的模型面数，如图 2-3-3 所示。

图 2-3-3　显示场景内的模型面数

读书笔记

（四）视觉制作

视觉制作主要包括材质绘制、材质贴图、灯光搭建，最后通过渲染查看制作效果。

材质绘制主要在 Photoshop 软件中完成，并返回三维建模软件中贴图。添加上合适的灯光后，可通过三维建模软件自带的渲染机制查看贴图和搭建灯光后的效果。在渲染模型前需要注意各种灯光和各种渲染的参数设置，通过使用置换贴图、法线贴图、烘焙贴图等不同贴图方式的链接和参数的设置，使渲染模型后的结果趋近真实场景。

（五）引擎开发

在场景搭建完成后，将模型导入虚拟现实内容创作平台，根据交互脚本，使用虚拟现实内容创作平台提供的功能和组件，添加动画、声音、图片、交互编程等，从而完成引擎开发。

（六）打包发布

当完成上述所有步骤后，虚拟现实内容创作平台一般会提供专业的打包和发布工具，可以将整个场景打包为一个可执行程序，用户可以结合虚拟现实硬件来体验该场景。

二、本书中的场景建模制作完整流程

本书中的场景建模制作主要有以下四个阶段：建筑模型构建、交通工具模型构建、场景整合构建及虚拟现实概念场景渲染。

在建筑模型构建阶段，将构建能源补给站模型，效果如图 2-3-3 所示，并构建"元宇宙"建筑模型，效果如图 2-3-4 所示。同学们在这一过程中，可以掌握 Maya 软件建模的基本使用方法，从宏观到微观，从整体到细节，从简单到复杂，逐步完成实际案例中建筑模型的完整搭建。

图 2-3-3　能源补给站模型效果

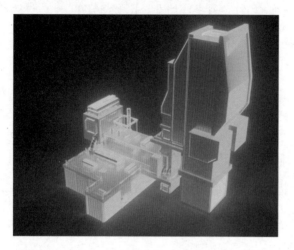

图 2-3-4　"元宇宙"建筑模型效果

在交通工具模型构建阶段,将构建交通工具模型的整体结构和外观细节,完成地铁车厢及车厢配饰的建模,并进行整合,制作出完整的交通工具模型,效果如图 2-3-5 所示。

图 2-3-5　交通工具模型效果

在场景整合构建阶段,将构建高架桥和铁路的模型,并添加桥梁路灯、铁路信号灯等细节模型,根据实际空间地形进行场景整合,制作出完整的"元宇宙"概念地形模型,效果如图 2-3-6 所示。

图 2-3-6 "元宇宙"概念地形模型效果

在虚拟现实概念场景整合渲染阶段,将先完成每个独立模型材质的材质球制作及材质渲染,再在同一个场景中导入准备好的模型进行"元宇宙"场景搭建,效果如图 2-3-7 所示,最后进行整体场景的渲染设置,完成一个完整的虚拟现实场景设计搭建案例,得到的"元宇宙"场景渲染效果如图 2-3-8 所示。

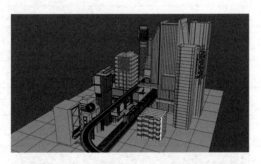

图 2-3-7 "元宇宙"场景搭建效果

图 2-3-8 "元宇宙"场景渲染效果

任务小结

通过本项目的学习,我知道了场景搭建专业流程,主要有_____、建模、_____、_____、引擎开发、_____这几个步骤。

项目评价

完成本任务的学习后，请同学们在相应评价项打"√"，完成自我评价，并通过评价肯定自己的成功，弥补自己的不足。

项目实训评价表					
项目	内容		评定等级		
	学习目标	评价目标	幼鸟	雏鹰	雄鹰
职业能力	掌握虚拟现实场景设计项目制作流程	能说出虚拟现实场景搭建专业流程			
		能说出本书中的项目场景建模的主要阶段是什么			
通用能力	分析问题的能力				
	解决问题的能力				
	自我提高的能力				
	自我创新的能力				
综合评价					

评定等级说明表	
等级	说明
幼鸟	能在指导下完成学习目标的全部内容
雏鹰	能独立完成学习目标的全部内容
雄鹰	能高质量、高效地完成学习目标的全部内容，并能解决遇到的特殊问题

最终等级说明表	
等级	说明
不合格	不能达到幼鸟水平
合格	可以达到幼鸟水平
良好	可以达到雏鹰水平
优秀	可以达到雄鹰水平

项目三

3

项目三

虚拟现实场景之建筑模型构建

- 基础物体建模方法
- 「元宇宙」建筑模型外观结构设计
- 「元宇宙」建筑模型外观细节建模

项目描述

　　本项目通过多个与实际生活或工作相关的真实可操作案例，循序渐进、由浅入深地介绍虚拟现实场景之建筑模型构建的过程，使学生可以了解并掌握 Maya 软件基本工具的使用方法，熟悉虚拟现实场景建模的相关流程，掌握基础物体的建模方法，能够使用"复制并变换""挤出""倒角"等命令完成模型的构建。

　　最终的能源补给站模型和"元宇宙"建筑模型效果分别如图 3-0-1 和图 3-0-2 所示。

图 3-0-1　能源补给站模型效果

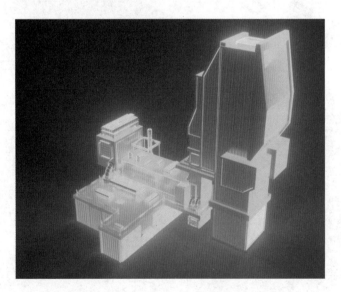

图 3-0-2　"元宇宙"建筑模型效果

任务要点

- 基础物体建模的方法
- "元宇宙"建筑模型的外观结构建模
- "元宇宙"建筑模型外观细节建模

项目分析

本项目通过介绍构建能源补给站模型的实际案例，使学生了解并掌握基础物体建模的"挤出""倒角"等命令的用法；通过对能源补给站模型的外形建模，使学生掌握"倒角""缩放"命令的用法；通过对能源补给站模型的电能设备建模，使学生掌握"倒角""提取面""复制"命令的用法，并能够使用"多切割"工具完成模型的重新布线。通过"元宇宙"建筑模型的整体结构设计的案例，使学生掌握三维建模的"挤出""复制并变换""布尔运算"等命令的用法；通过"元宇宙"建筑模型的外观细节建模，使学生掌握"楔形面""冻结变换""弯曲"等命令的用法。本项目主要需要完成以下三个环节。

（1）能源补给站模型的制作。

（2）"元宇宙"建筑模型外观结构的制作。

（3）"元宇宙"建筑模型的管道、墙体等配件的制作。

知识加油站

党的二十大报告指出，加快发展方式绿色转型。推动经济社会发展绿色化、低碳化是实现高质量发展的关键环节。

2021年12月，百度发布首个"元宇宙"产品"希壤"，2021年的百度AI开发者大会在希壤中举办，这是国内首个在"元宇宙"中举办的大会，可容纳10万人同屏互动。同时许多地方政府已出台与"元宇宙"相关的扶持政策。上海市在《上海市建设网络安全产业创新高地行动计划（2021—2023年）》中提出将聚焦数字经济、"元宇宙"、智能终端等十大重点方向，面向全国优秀企业，征集创新产品和解决方案。浙江省在《关于浙江省未来产业先导区建设的指导意见》中指出将"元宇宙"与人工智能、区块链、第三代半导体并列，是浙江省在2023年重点未来产业先导区的布局领域之一。

随着新能源交通工具的发展，其将在未来社会的交通工具中占据很大的比例；能源补给站会像传统加油站一样遍布城市的各个角落，为人们的出行提供便捷。本项目将通过能源补给站模型的建模，让学生提前感知未来世界。

任务一 　基础物体建模的方法

任务目标

1. 掌握基础物体建模的方法
2. 熟练使用 Maya 软件的主要工具和命令

任务描述

在熟悉 Maya 软件的基础上，使用"插入循环边""倒角""特殊复制"等命令完成能源补给站模型制作。通过实例，学生可以初步掌握 Maya 软件三维模型的基础制作方法。

任务导图

基础物体建模的方法

❶ 原画分析 　　　📋 部分结构相同

❷ 建模思路 　　　🏠 外形—电能设备—地面和道路

❸ 主要工具 　　　🔧 挤出、倒角、布尔运算、圆形圆角

知识链接

Maya 是世界顶级的三维动画软件，应用对象是专业的影视广告、角色动画、电影特技等。Maya 软件功能完善、操作灵活、易学易用、制作效率极高、渲染真实感极强，是电影制作级别的高端制作软件。

实现过程

一、基础物体原画分析

观察原画中的物体结构，发现可以通过复制能源补给站模型的外形来减少制作时间；只需要先制作一个电能设备模型，再进行复制即可完成整个模型的建模。

能源补给站模型可分成三部分：**能源补给站模型的外形、能源补给站模型的电能设备、地面和道路**。本任务将按照这三部分顺序、分步地完成模型的制作，最终的能源补给站模型的效果如图 3-1-1 所示。

图 3-1-1　能源补给站模型的效果

二、基础物体模型制作——能源补给站模型

（一）能源补给站模型的外形

（1）能源补给站模型的外形由顶层和柱子两部分组成。首先制作顶层模型。创建立方体作为基本体。执行"缩放"命令将立方体沿 Y 轴缩放，使其厚度大致符合原画；在面模式下对立方体的顶面进行缩放，使立方体呈现上大下小的形状，如图 3-1-2 所示。

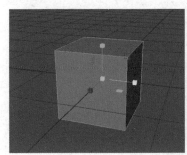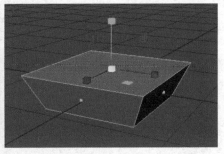

图 3-1-2　创建并缩放顶层模型

（2）在边模式下选中顶层模型的四条竖边，执行"编辑网格"→"倒角"命令，调整倒角分数为 0.5，分段为 4，如图 3-1-3 所示。

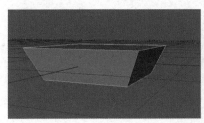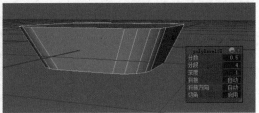

图 3-1-3　对顶层模型的竖边倒角并调整

（3）选中顶层模型的上、下两条横边，执行"编辑网格"→"倒角"命令，调整倒角分数为 0.4，分段为 2，如图 3-1-4 所示。

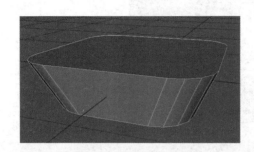
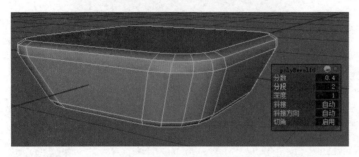

图 3-1-4　对顶层模型的横边倒角并调整

（4）由于顶面部分的线断开，因此需要调整模型布线。使用"网格"工具中的"多切割"工具，在某一条线段的一端的断开处单击鼠标左键，线段的这一端变为黄色的点；在这条线段的另一端的断开处单击鼠标左键，这条线段变为黄色；此时右击这条线段，可以实现这条线段的插入，如图 3-1-5 所示。

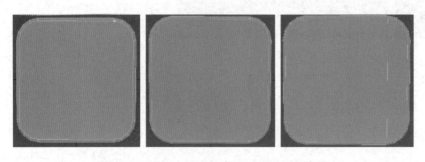

图 3-1-5　使用"多切割"工具插入线段

（5）使用"多切割"工具为模型的顶面和底面重新布线，如图 3-1-6 所示。

（6）选中模型上下拐角处的面，执行"编辑网格"→"挤出"命令，调整挤出厚度为 0.03，如图 3-1-7 所示。

问题摘录

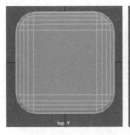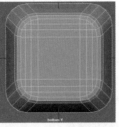

图 3-1-6　为顶面和底面重新布线

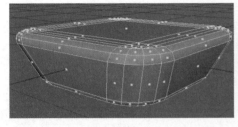

图 3-1-7　对上下拐角处的面挤出并调整

（7）选中模型拐角处的边，执行"编辑网格"→"倒角"命令，调整倒角分数为 0.5，分段为 2，如图 3-1-8 所示。

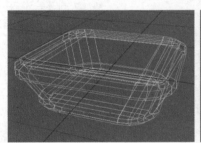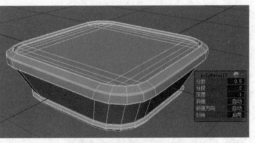

图 3-1-8　对拐角处的边倒角并调整

（8）制作柱子模型。创建立方体作为基本体，执行"缩放"命令将立方体拉长，制作出柱子模型。执行"网格工具"→"插入循环边"命令，在柱子模型上单击鼠标左键插入一条循环边，如图 3-1-9 所示。

图 3-1-9　为柱子模型插入循环边

（9）在顶点模式下选中柱子模型的顶点，执行"缩放"命令，调整柱子模型的形状，如图 3-1-10 所示。

学习思考

在边模式下是否同样可以实现形状的调整？

图 3-1-10　调整柱子模型的形状

（10）选中柱子模型的所有边，按【Ctrl+B】组合键对边执行"倒角"命令；调整倒角分数为 0.5，分段为 2，如图 3-1-11 所示。

试一试

1. 使用"多切割"工具，按【Ctrl+鼠标中键】组合键可以为模型插入什么类型的循环边？

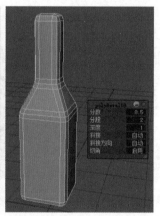

图 3-1-11　对所有边倒角并调整

（11）制作"闪电"模型。创建立方体作为基本体，执行"缩放"命令将立方体缩放至合适长度，制作出"闪电"模型。使用"多切割"工具，按【Ctrl+鼠标中键】组合键为"闪电"模型插入一条中线，如图 3-1-12 所示。

2. 使用"多切割"工具，按【Shift+Ctrl+鼠标中键】组合键可以为模型插入什么类型的循环边？

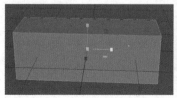

图 3-1-12　为"闪电"模型插入中线

（12）选中"闪电"模型的左上面和右下面，按【Ctrl+E】组合键对面执行"挤出"命令，调整挤出厚度为2.5，偏移为0.4，分段为6；并沿 X 轴方向缩放，使"闪电"模型的上面部分呈现尖角形状，如图 3-1-13 所示。

问题摘录

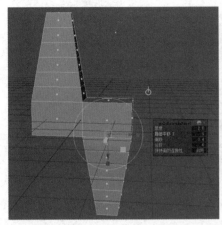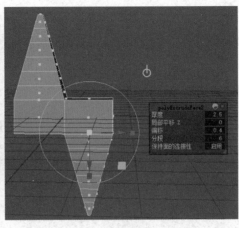

图 3-1-13　对选中的"闪电"模型的面挤出、调整并缩放

（13）先选中"闪电"模型的中间顶点，按【B】键打开软选择模式，再长按【B】键，配合鼠标左键调整软选择的范围。执行"缩放"命令使此部分的挤出形状为中间宽、上下窄，如图 3-1-14 所示。

学习笔记

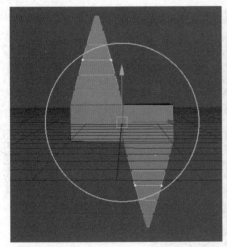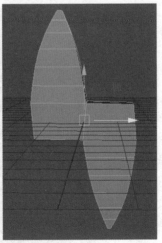

图 3-1-14　在软选择模式下调整

（14）选中"闪电"模型拐角处的所有边，执行"倒角"命令，调整倒角分数为0.6，分段为2；并将"闪电"模型沿 Z 轴方向旋转-35°，完成柱子模型上"闪电"模型的制作，如图 3-1-15 所示。

高效记忆

（1）按【Ctrl+B】
组合键：倒角。
（2）按【Ctrl+E】
组合键：挤出。
（3）按【Ctrl+G】
组合键：打组。

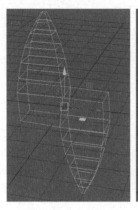 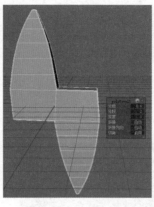 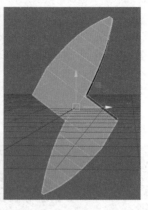

图 3-1-15   对"闪电"模型拐角处的边倒角、调整并旋转

（15）将"闪电"模型复制，分别放置在柱子模型两侧；按【Ctrl+G】组合键将其打组。通过复制将打组好的柱子模型放置在顶层模型的四角上，完成能源补给站模型的外形制作，效果如图 3-1-16 所示。

 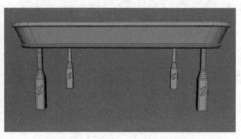

图 3-1-16   能源补给站模型的外形效果

（二）能源补给站模型的电能设备

（1）电能设备由设备主体、感应柱、挡车器等组成。首先制作设备主体模型。创建立方体作为基本体执行"插入循环边"命令为设备主体模型插入一条循环边；并通过调节顶点使其形状符合原画。选中面，按【Ctrl+E】组合键对面执行"挤出"命令，制作出设备主体模型的部分形状，如图 3-1-17 所示。

 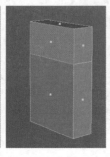 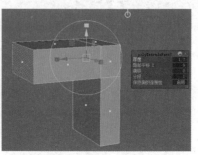

图 3-1-17   制作设备主体模型的部分形状

（2）选中设备主体模型的两条边，按【Ctrl+B】组合键执行"倒角"命令，调整倒角分数为 0.8，分段为 4，完成弧形的制作，如图 3-1-18 所示。

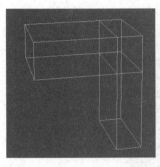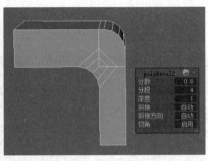

图 3-1-18　对设备主体模型的边倒角并调整

（3）由于设备主体模型中存在多边面，因此需要使用"多切割"工具为该模型重新布线。先使用"多切割"工具将点连接起来；再选中多余边，按【Ctrl+Delete】组合键删除，如图 3-1-19 所示。

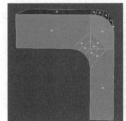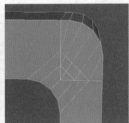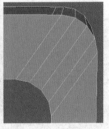

图 3-1-19　删除设备主体模型的多余边

（4）为设备主体模型加线，为后续给模型添加材质做准备。完成设备主体模型的右侧面布线，如图 3-1-20 所示。

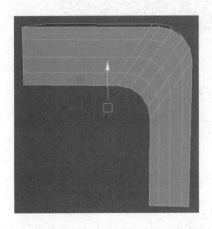

图 3-1-20　为设备主体模型的右侧面布线

（5）为了减少工作量，在设备主体模型的正视图中插入一条中线，在面模式下将未布线的左侧面删除。执行"修改"→"冻结变换"命令，并长按【D】键不松，将坐标轴放置在模型的中心位置上；按【Ctrl+D】组合键复制该模型，在通道盒中将缩放X的参数值修改为-1，完成设备主体的对称复制，如图3-1-21所示。

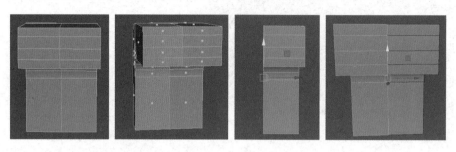

图 3-1-21　设备主体模型的对称复制

（6）选中对称复制得到的这两个模型，长按【Shift】键，单击鼠标右键，在弹出的快捷菜单中选择"结合"命令将模型结合；选中两个模型中间的一列顶点，执行"合并"命令，如图3-1-22所示。

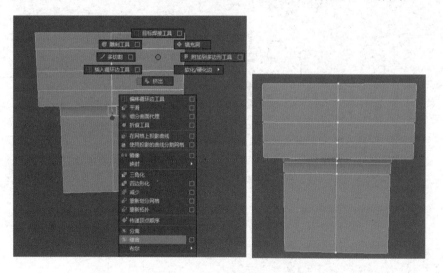

图 3-1-22　模型结合

（7）使用"多切割"工具为设备主体模型加线，选中模型的中间面，按【Ctrl+E】组合键对面执行"挤出"命令，调整挤出厚度为-0.6，如图3-1-23所示。

（8）选中设备主体模型的中间面，执行"提取面"命令，将面单独提取出来作为电子屏幕，为后续给模型添加材质做准备，如图 3-1-24所示。

学习思考

还有哪些方法可以实现与此处复制相同的效果？请动手试一试吧！（提示：镜像复制、复制并变换。）

学习笔记

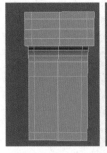 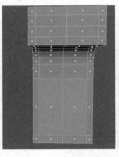 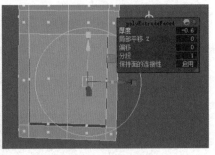

图 3-1-23 对设备主体模型中间面挤出并调整

 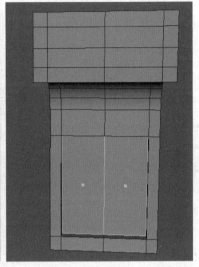

图 3-1-24 对设备主体模型提取面

（9）创建管道作为基本体，调整半径为 1.7，制作出管道模型。选中管道模型横向上的所有边，按【Ctrl+B】组合键执行"倒角"命令，调整倒角分数为 0.5，分段为 2，如图 3-1-25 所示。

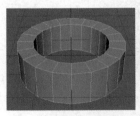 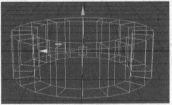

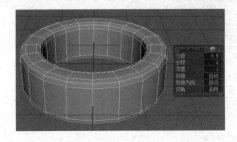

图 3-1-25 对管道模型横向上的边倒角并调整

知识链接

提取面：执行"提取面"命令可以将多边形模型的面提取出来作为独立的部分。

归纳总结：

_____

_____

_____

_____

_____

（10）选中管道模型的顶点，执行"缩放"命令，使模型呈现上小下大的形状。在对象模式下，执行"缩放"命令，将管道模型沿 X 轴方向缩放，使其呈现扁状的形状，如图 3-1-26 所示。

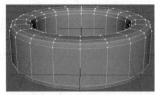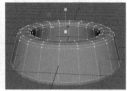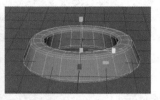

图 3-1-26　缩放并调整管道模型的形状

（11）在管道模型中间放置合适大小的立方体，并插入合适的循环边，如图 3-1-27 所示。

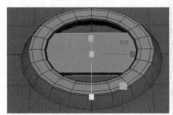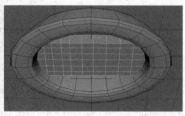

图 3-1-27　在管道模型中间放置立方体并插入循环边

（12）选中管道模型底面的四个面，按【Ctrl+E】组合键执行"挤出"命令，先将其缩放至合适大小，再执行"圆形圆角"命令，将底面挤出一定厚度，如图 3-1-28 所示。

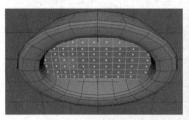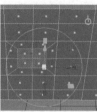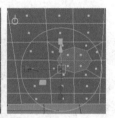

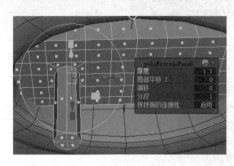

图 3-1-28　挤出并调整管道模型的底面

（13）制作感应柱模型。创建圆柱作为基本体，设置高度细分数为12，制作出感应柱模型。选中模型的两个面，按【Ctrl+E】组合键执行"挤出"命令，调整挤出厚度为-0.3，如图 3-1-29 所示。

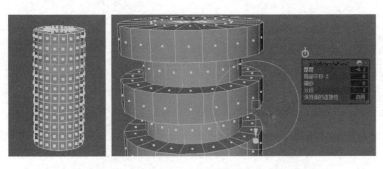

图 3-1-29 选中感应柱模型的面挤出并调整

（14）对感应柱模型拐角处的边执行"倒角"命令，调整倒角分数为 0.5，分段为 2。完成感应柱模型的制作，如图 3-1-30 所示。

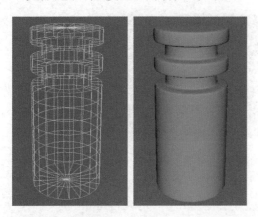

图 3-1-30 对感应柱模型拐角处的边倒角并调整

（15）制作挡车器模型。创建立方体作为基本体，在对象模式下执行"缩放"命令将其调整至合适长度，制作出挡车器模型。并在面模式下选中挡车器模型的顶面进行缩放，使模型呈现上小下大的形状，如图 3-1-31 所示。

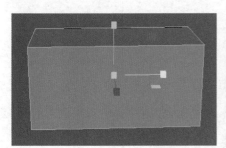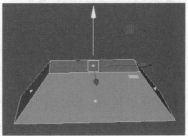

图 3-1-31 挡车器模型的形状制作

（16）选中挡车器模型的所有边，按【Ctrl+B】组合键执行"倒角"命令，调整倒角分数为 0.5，分段为 3，完成挡车器模型的制作，如图 3-1-32 所示。

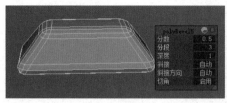

图 3-1-32　对挡车器模型倒角并调整

问题摘录

（17）制作停车位模型。创建立方体作为基本体，执行"缩放"命令调整其大小，制作出停车位模型。选择停车位模型的横边，执行"倒角"命令，调整倒角分数为 0.8，分段为 3，如图 3-1-33 所示。

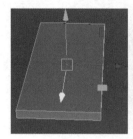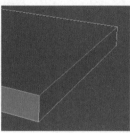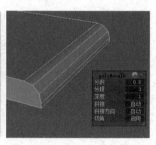

图 3-1-33　对停车位模型倒角并调整

（18）使用"多切割"工具为停车位模型重新布线，完成停车位模型的制作，如图 3-1-34 所示。

图 3-1-34　为停车位模型布线

（19）将上述设备主体模型、感应柱模型、挡车器模型、停车位模型参考原画中的位置进行摆放，完成能源补给站电能设备模型的制作。按【Ctrl+D】组合键复制，完成多个能源补给站电能设备模型的制作，效果如图 3-1-35 所示。

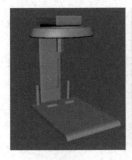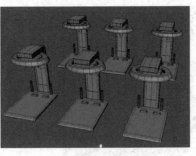

图 3-1-35　能源补给站电能设备模型效果

（三）地面和道路

（1）创建立方体作为基本体，执行"缩放"命令将立方体放大，制作出地面模型。创建第二个立方体作为道路模型，并将其放置在地面模型上，如图 3-1-36 所示。

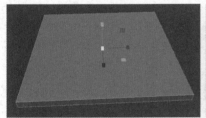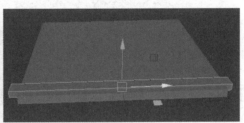

图 3-1-36　制作地面模型和道路模型

（2）选中地面模型，长按【Shift】键选中道路模型，执行"网格"→"布尔运算"→"差集"命令，完成一条道路模型的制作。使用同样的方法制作其他道路模型，直至完成。完成后对道路模型的边倒角进行美化，效果如图 3-1-37 所示。

图 3-1-37　道路模型效果

（四）模型整合

参考原画中的位置放置上述模型，完成整个能源补给站模型的制作，效果如图 3-1-38 所示。

图 3-1-38　能源补给站模型效果

任务二　"元宇宙"建筑模型的外观结构建模

任务目标

1. 掌握"元宇宙"建筑模型的外观结构建模方法
2. 熟练使用 Maya 软件的主要工具和命令

任务描述

在基础物体建模基础上,使用"倒角""布尔运算""特殊复制"等工具和命令完成"元宇宙"建筑模型外观结构的制作。通过实例,学生可以进一步掌握使用 Maya 软件实现三维模型的基础制作的方法。

任务导图

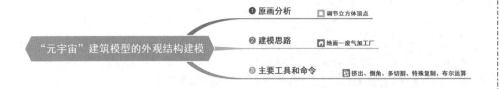

实现过程

一、建筑模型的外观结构原画分析

观察原画中的物体造型，我们发现"元宇宙"建筑模型中有较多部分可以通过调节立方体顶点来完成制作。"元宇宙"建筑模型的外观结构可分为地面、废气加工厂主体结构两部分。本任务将按照这两部分顺序、分步完成建筑模型的制作，最终的"元宇宙"建筑模型的外观结构效果如图 3-2-1 所示。

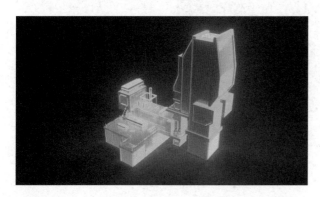

图 3-2-1 "元宇宙"建筑模型的外观结构效果

二、建筑模型的外观结构制作

（一）地面

（1）创建立方体作为基本体，通过调节基本立方体的顶点可以制作出地面模型。执行"缩放"命令使地面模型的大小和厚度大致符合原画，如图 3-2-2 所示。

学习笔记

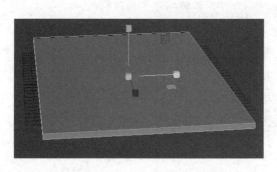

图 3-2-2 制作和调整地面模型

（2）选择"多切割"工具，按【Ctrl+鼠标中键】组合键为地面模型插入一条中线，按【Ctrl+鼠标左键】组合键为模型插入两条循环边。选中地面模型的面，按【Ctrl+E】组合键执行"挤出"命令，调整挤出厚度为22，如图3-2-3所示。

知识链接

创建自定义工具架：按【Ctrl+Shift】组合键的同时，单击命令，该命令就可以被添加到当前的工具架上。

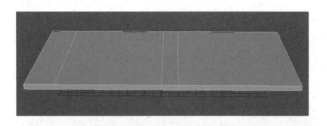

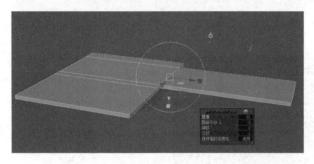

图3-2-3　为地面模型插入边并对面挤出

（3）选中地面模型转角处的边，执行"倒角"命令，调整倒角分数为0.8，完成地面模型制作，效果如图3-2-4所示。

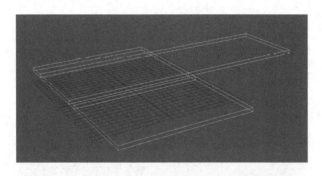

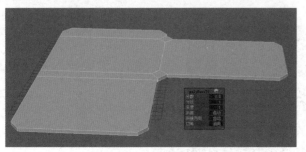

图3-2-4　地面模型效果

（二）废弃加工厂主体结构

（1）废弃加工厂主体结构包括主加工厂、次加工厂和一层加工厂。创建立方体作为基本体，执行"缩放"命令将其调整至合适大小，制作出主加工厂模型。使用"多切割"工具为主加工厂模型插入四条循环边。选中主加工厂模型的面，按【Ctrl+E】组合键对面执行"挤出"命令使主加工厂模型变形，调整挤出厚度为30，如图3-2-5所示。

问题摘录

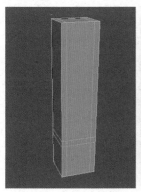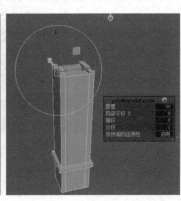

图3-2-5　创建并调整主加工厂模型

（2）使用"多切割"工具为主加工厂模型插入一条循环边。选择主加工厂模型的侧面，按【Ctrl+E】组合键对面执行"挤出"命令，调整挤出厚度为150。选择模型顶面的左侧点，向下移动，形成坡面效果，如图3-2-6所示。

学习思考
"多切割"与"插入循环边"命令分别在什么情况下使用可以简化操作？

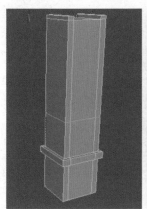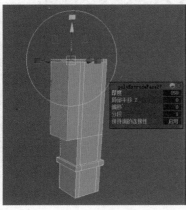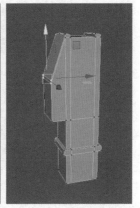

图3-2-6　为主加工厂模型插入边并调整形状

（3）创建立方体作为基本体，并插入一条循环边。调节立方体的右侧顶点形成类似梯形效果；选中立方体的侧面，先按【Ctrl+E】组合键执行"挤出"命令，调整挤出偏移为37；再按【Ctrl+E】组合键执行"挤出"命令，调整挤出厚度为-20。调整立方体的形状和大小，将其放置在主加工厂模型的右侧，如图 3-2-7 所示。

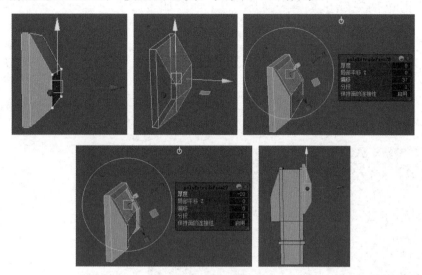

图 3-2-7　制作主加工厂模型右侧的立方体

（4）制作空调外机壳模型。创建立方体作为基本体，选中底面右侧的边，按【Ctrl+B】组合键执行"倒角"命令，调整倒角分数为 0.3，制作出空调外机壳模型。选中模型的面执行"挤出"命令，调整挤出偏移为 16；再次执行"挤出"命令，调整挤出厚度为-27，如图 3-2-8 所示。

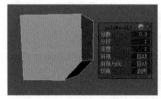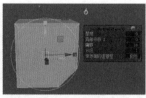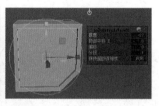

图 3-2-8　制作并调整空调外机壳模型

（5）复制空调外机壳模型，分别放置在主加工厂模型的前后，如图 3-2-9 所示。

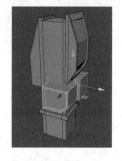

图 3-2-9　复制并放置空调外机壳模型

（6）制作次加工厂模型。创建立方体作为基本体，执行"缩放"命令调整模型大小，制作出次加工厂模型。使用"多切割"工具为模型插入五条循环边；选中图 3-2-10 中模型的面，按【Ctrl+E】组合键对面执行"挤出"命令，调整挤出厚度为 16；选中模型的顶点向右侧移动，形成坡面形状，如图 3-2-10 所示。

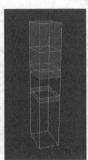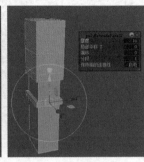

图 3-2-10　制作并调整次加工厂模型

（7）选中次加工厂模型的两个面，先按【Ctrl+E】组合键对面执行"挤出"命令，调整挤出偏移为 13.5；再按【Ctrl+E】组合键对面执行"挤出"命令，调整挤出厚度为-15，制作出模型的凹面，如图 3-2-11 所示。

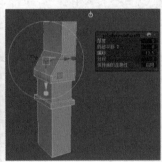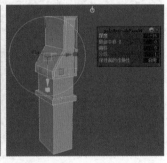

图 3-2-11　制作次加工厂模型的凹面

（8）调整好次加工厂模型的大小后，将其放置在主加工厂模型的左侧，并适当调整主加工厂模型的结构比例，如图 3-2-12 所示。

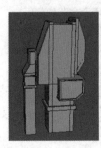

图 3-2-12　调整并放置次加工厂模型

（9）一层加工厂模型制作。创建立方体作为基本体，使用"插入循环边"工具为模型插入四条循环边，制作出一层加工厂模型。选中模型的面，按【Ctrl+E】组合键对面执行"挤出"命令，调整挤出厚度为75，如图3-2-13所示。

 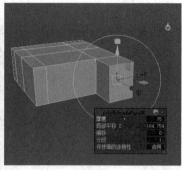

图3-2-13 制作并调整一层加工厂模型

（10）选中一层加工厂模型的两个面执行"挤出"命令，调整挤出厚度为90。适当调节各模型的比例和高度，制作一层加工厂的凸起结构，如图3-2-14所示。

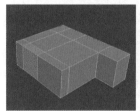 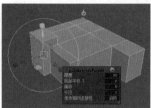 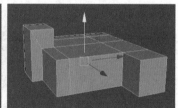

图3-2-14 制作一层加工厂的凸起结构

（11）空调模型制作。创建立方体作为基本体，选中模型的左右两个侧面，先按【Ctrl+E】组合键对面执行"挤出"命令，调整挤出偏移为22；再按【Ctrl+E】组合键，调整挤出厚度为-22。将空调模型放置在次加工厂模型的左侧位置，如图3-2-15所示。

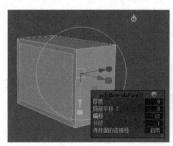 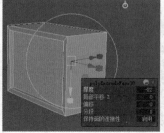 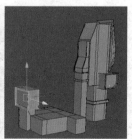

图3-2-15 制作、调整并放置空调模型

（12）创建立方体作为基本体，放置在次加工厂模型上方，作为连接主加工厂的通道模型。在通道模型连接处放置三个立方体，作为连接处加固结构模型，如图 3-2-16 所示。

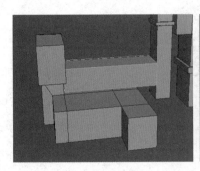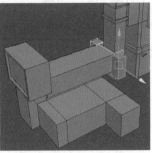

图 3-2-16　通道模型和加固结构模型

（13）在次加工厂模型上方放置二层地板模型，如图 3-2-17 所示。

学习笔记

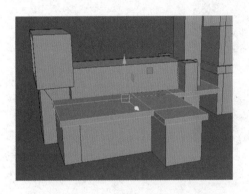

图 3-2-17　放置二层地板模型

（14）制作承重板模型。创建立方体作为基本体，先按【Ctrl+E】组合键对面执行"挤出"命令，调整挤出偏移为 30；再按【Ctrl+E】组合键对面执行"挤出"命令，调整挤出厚度为 20；重复上述操作一次，完成承重板模型制作，并将其放置在合适的位置上，如图 3-2-18 所示。

问题摘录

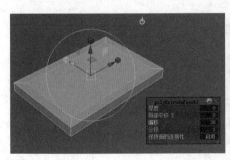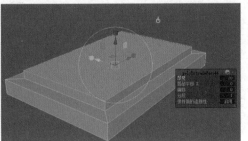

图 3-2-18　制作并调整承重板模型

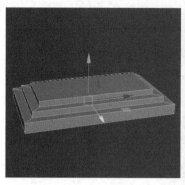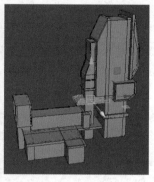

图 3-2-18　制作并调整承重板模型（续）

（15）完成废气加工厂模型的外观结构制作，效果如图 3-2-19 所示。

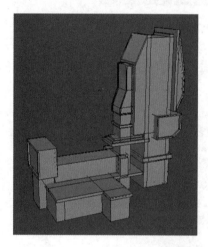

图 3-2-19　废气加工厂模型的外观结构的效果

学习思考
模型中为什么需要避免出现多边面？

任务三　"元宇宙"建筑模型的外观细节建模

任务目标

1. 掌握"元宇宙"建筑模型外观细节建模方法
2. 熟练使用 Maya 软件的主要工具和命令

任务描述

在"元宇宙"建筑模型外观结构的基础上，使用"弯曲""布尔运算""多切割"等工具和命令，完成"元宇宙"建筑模型外观细节的制作。通过实例，学生可以进一步学习使用 Maya 软件实现三维模型的基础制作的方法。

学习笔记

任务导图

"元宇宙"建筑模型的外观细节建模

❶ 原画分析 ▸ 分为七部分

❷ 建模思路 ▸ 管道—墙体—二层围栏—阀门—排气管—散热结构—通风结构

❸ 主要工具和命令 ▸ 弯曲、清除历史、布尔运算

实现过程

一、建筑模型的外观细节原画分析

观察原画中的建筑模型外观细节，可以发现建筑模型外观细节分为管道、墙体、二层围栏、阀门、排气管、散热结构、通风结构七部分。本任务将按照上述七部分顺序、分步完成模型的制作，最终的加入细节的"元宇宙"建筑模型效果如图 3-3-1 所示。

学习笔记

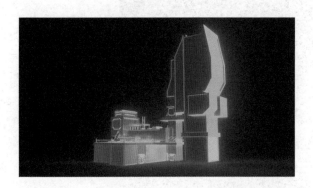

图 3-3-1 加入细节的"元宇宙"建筑模型效果

二、废气加工厂模型的外观细节制作

废气加工厂模型外观细节包括管道、墙体、二层围栏、阀门、排气管、散热结构、通风结构等。

课外拓展

（一）管道

（1）创建圆柱体作为基本体，调整高度细分数为 8，制作出管道模型。选中管道模型的横向边，按【Ctrl+B】组合键执行"倒角"命

083

令，调整倒角分数 0.3；选中管道模型的面，按【Ctrl+E】组合键执行"挤出"命令，调整挤出厚度为-0.2，如图 3-3-2 所示。

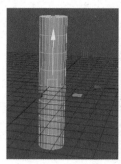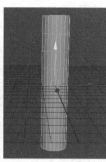

图 3-3-2　制作并调整管道模型

（2）在对象模式下选中管道模型，执行"变形"→"非线性"→"弯曲"命令，调整曲率为 45，制作弯曲效果如图 3-3-3 所示。

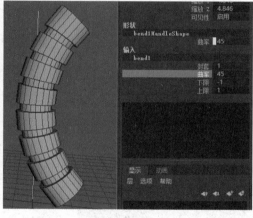

图 3-3-3　制作弯曲效果

（3）选中管道模型，按【Alt+Shift+D】组合键执行"清除历史"命令，并沿 Z 轴方向旋转-45°，如图 3-3-4 所示。

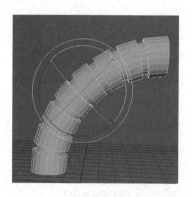

图 3-3-4　清除历史并旋转

（4）创建圆柱体作为基本体，对圆柱体的上边执行"倒角"命令后，复制圆柱体，并分别放置在管道模型的两端；执行"网格"→"结合"命令将管道模型与圆柱体结合，如图 3-3-5 所示。

学习思考

"结合"命令是否有快捷方式？

_____

_____

_____

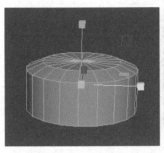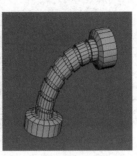

图 3-3-5　制作圆柱体并与管道模型结合

（5）将步骤（4）中制作的管道模型放置在废气加工厂模型合适的位置上，如图 3-3-6 所示。

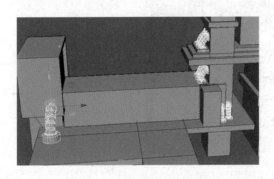

图 3-3-6　放置管道模型

（二）墙体

（1）创建两个立方体作为基本体，执行"缩放"命令和"移动"命令调整立方体的大小及位置。首先选中大立方体，长按【Shift】键同时选中小立方体，执行"网格"→"布尔"→"差集"命令，实现墙体模型镂空效果的制作，如图 3-3-7 所示。

归纳总结：

_____

_____

_____

_____

_____

_____

_____

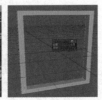

图 3-3-7　制作墙体模型的镂空效果

（2）创建平面为基本体，执行"缩放"命令制作板子模型；多次按【Ctrl+D】组合键复制板子模型，如图3-3-8所示。

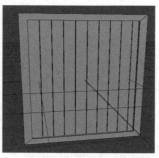

图3-3-8　制作并复制板子模型

（3）将步骤（2）中制作的板子模型放置在如图3-3-9所示的位置，完成墙体模型的制作。

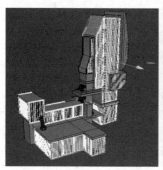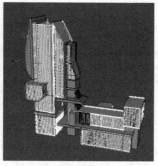

图3-3-9　放置墙体模型

（三）二层围栏

（1）创建两个立方体作为基本体，调整第一个立方体的宽度、高度、深度分别为0.5、0.5、20；调整第二个立方体的宽度、高度、深度分别为0.5、3、20，并放置在第一个立方体下方，制作出围栏模型。选中第二个立方体，使用"多切割"工具，按【Ctrl+鼠标中键】组合键插入一条中线，按【Ctrl+Shift+鼠标左键】组合键插入四条循环边，如图3-3-10所示。

图3-3-10　制作并调整围栏模型

（2）选中围栏模型底面边上的中间三个顶点，使用"移动"工具将顶点向上移动适当距离，完成围栏模型的变形，如图 3-3-11 所示。

图 3-3-11　围栏模型的变形

（3）创建立方体作为基本体，调整宽度、高度、深度分别为 0.3、3、15。使用"多切割"工具为模型插入四条循环边，并选中生成的面，按【Ctrl+E】组合键执行"挤出"命令，调整挤出厚度为-0.12，如图 3-3-12 所示。

图 3-3-12　对围栏模型的面挤出并调整

（4）选中模型底面左右两侧的顶点，沿 Z 轴方向缩放，并将模型放置在围栏模型的下方，如图 3-3-13 所示。

图 3-3-13　调整后放置在围栏模型的下方

（5）制作围栏模型两侧加固结构模型。创建立方体作为基本体，制作出加固结构模型。选中四条边，按【Ctrl+B】组合键执行"倒角"命令，调整倒角分数为 0.5；选中前后两个面，先按【Ctrl+E】组合键执行"挤出"命令，调整挤出偏移为 0.2；再按【Ctrl+E】组合键执行"挤出"命令，调整挤出厚度为-0.2；如图 3-3-14 所示。

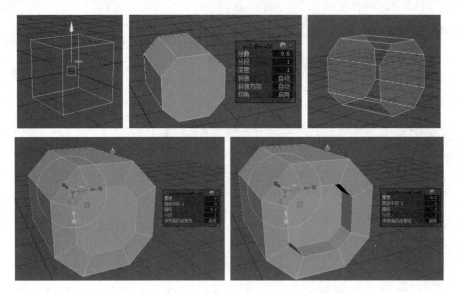

图 3-3-14 制作并调整加固结构模型

（6）选中加固结构模型的下侧顶点，使用"移动"工具将其向下移动至合适位置。选中加固结构模型的右侧顶点，使用"移动"工具将其向右移动至合适位置。将加固结构模型放置在围栏模型的两侧，如图 3-3-15 所示。

归纳总结

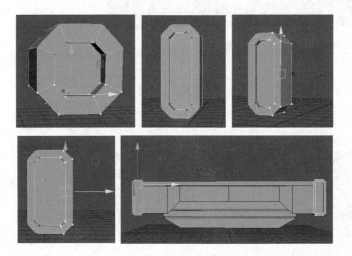

图 3-3-15 调节加固结构模型的形状和位置

（7）选中围栏模型的所有组件，按【Ctrl+G】组合键打组，如图 3-3-16 所示。

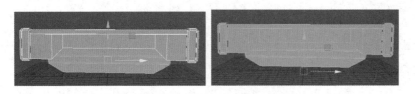

图 3-3-16 将围栏模型打组

（8）将制作好的围栏模型放置在建筑模型的二层平台上，按
【Ctrl+D】组合键复制多个围栏模型，并完成多个围栏模型的放置，如
图 3-3-17 所示。

图 3-3-17　复制并放置围栏模型

（9）制作围栏柱子模型。创建圆柱体作为基本体，调整轴向细分
数为 9；使用"多切割"工具插入三条循环边，制作出围栏柱子模
型。选中模型的底面，按【Ctrl+E】组合键执行"挤出"命令，调
整挤出厚度为 3.5；选中模型的面，按【Ctrl+E】组合键执行"挤出"
命令，调整挤出厚度为-1.5；将其放置在二层平台模型的各角落上，
如图 3-3-18 所示。

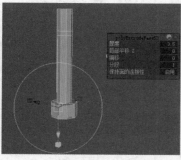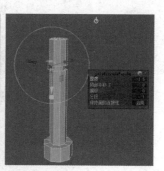

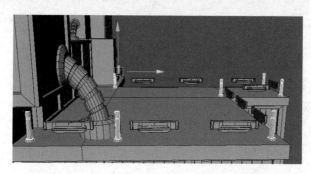

图 3-3-18　制作、调整并放置围栏柱子模型

（10）制作围栏连接结构模型。创建圆柱体作为基本体，调整轴向细分数为9，制作出围栏连接结构模型。将该模型缩放调整至合适大小后，放置在围栏模型的上下两端，与围栏模型连接，如图3-3-19所示。

问题摘录

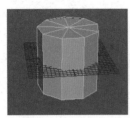

图3-3-19　制作、调整并放置围栏连接结构模型

（四）阀门

（1）创建立方体作为基本体，将其缩放调整至合适大小，制作出阀门外轮廓模型。选中模型顶面两侧的边，按【Ctrl+B】组合键执行"倒角"命令，调整倒角分数为0.3。复制此模型，将其缩放调整至合适大小后，放置在适当的位置上。先选中第一个模型，再选中第二个模型，执行"网格"→"布尔"→"差集"命令，完成阀门外轮廓模型的制作，如图3-3-20所示。

图3-3-20　制作并调整阀门外轮廓模型

（2）创建立方体作为基本体，调整高度细分数为5，制作出阀门左侧结构模型。先选中模型的顶点，使用"移动"工具向左侧移动，再选中顶面中的左侧边，按【Ctrl+B】组合键执行"倒角"命令，调整倒角分数为0.3，完成阀门左侧结构模型的制作，如图3-3-21所示。

学习笔记

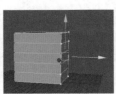

图3-3-21　制作并调整阀门左侧结构模型

（3）调整阀门左侧结构模型的厚度，将其放置在阀门外轮廓模型的左侧。复制阀门左侧结构模型，将复制得到的模型放置在阀门外轮廓模型的右侧，如图 3-3-22 所示。

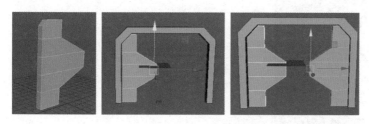

图 3-3-22　阀门左、右侧结构模型

（4）创建立方体作为基本体，调整高度细分数为 5，制作出阀门中间结构模型。调整模型形状，并将其放置在阀门外轮廓模型的中间位置。选中该模型的边，按【Ctrl+B】组合键执行"倒角"命令，调整倒角分数为 0.5，分段为 2，如图 3-3-23 所示。

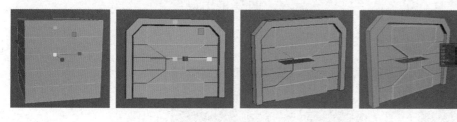

图 3-3-23　制作并调整阀门中间结构模型

（5）选中阀门中间结构模型的两个面，按【Ctrl+E】组合键执行"挤出"命令，调整挤出偏移为 1.2；按【Ctrl+E】组合键执行第二次"挤出"命令，调整挤出厚度为-1.5，如图 3-3-24 所示。

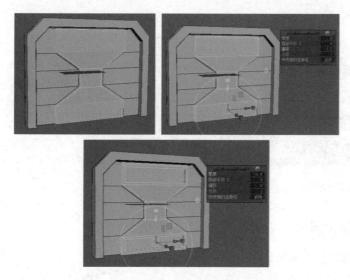

图 3-3-24　对阀门中间结构模型挤出并调整

问题摘录
_____
_____
_____
_____
_____

（6）创建圆柱体作为基本体，将其放置在适当的位置上，制作出阀门模型，如图 3-3-25 所示。

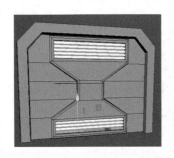

图 3-3-25　增加阀门模型的中间结构

（7）创建立方体作为基本体，选中立方体的顶面和底面的两条侧边，按【Ctrl+B】组合键执行"倒角"命令，调整倒角分数为 0.4；选中中间的面，按【Ctrl+E】组合键执行"挤出"命令，调整挤出偏移为 2.5；按【Ctrl+E】组合键执行第二次"挤出"命令，调整挤出厚度为-2，制作出阀门细节结构模型，如图 3-3-26 所示。

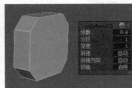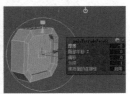

图 3-3-26　制作并调整阀门细节结构模型

（8）通过调整顶点来适当调整阀门细节结构模型的形状，并将其放置在阀门模型两侧，如图 3-3-27 所示。

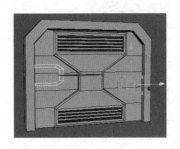

图 3-3-27　调整阀门细节结构模型的形状和位置

（9）先创建立方体作为基本体，通过向上和向左移动立方体的底面右侧的两个顶点，将立方体变成锥体；再创建立方体作为基本体，并将其与锥体同时执行"差集"命令，实现立方体镂空效果，制作出阀门装饰结构模型，如图3-3-28所示。

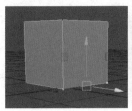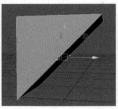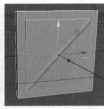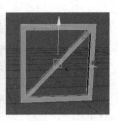

图3-3-28 制作阀门装饰结构模型

（10）将阀门装饰结构模型放置在阀门模型周围，并将制作好的阀门模型放置在建筑模型上，如图3-3-29所示。

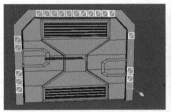

图3-3-29 调整阀门模型的位置

（五）排气管

（1）创建圆柱体作为基本体，使用"多切割"工具插入三条循环边；复制圆柱体并进行缩放操作，将其放置到第一个圆柱体内侧，制作出排气管模型。先选中外侧圆柱体，再长按【Shift】键同时选中内侧圆柱体，执行"网格"→"布尔"→"差集"命令，实现镂空效果的制作，如图3-3-30所示。

图3-3-30 制作排气管模型并实现镂空效果

（2）选中排气管模型的面，按【Ctrl+E】组合键执行"挤出"命令，调整挤出厚度为2.5，如图3-3-31所示。

（3）选中排气管模型的面，按【Ctrl+E】组合键执行"挤出"命令，调整挤出厚度为-0.6。选中排气管模型，按【Ctrl+D】组合键进行复制，将复制得到的模型缩小后作为排气管模型的里层结构，如图 3-3-32 所示。

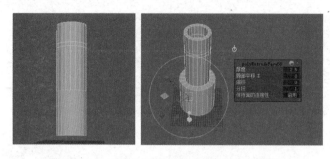

图 3-3-31　对排气管模型的面挤出并调整

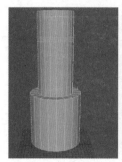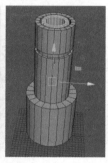

图 3-3-32　复制并制作排气管模型的里层结构

（4）创建立方体作为基本体，将其放置到排气管模型的底部，执行"修改"→"冻结变换"命令；长按【D】键，在俯视图中将坐标轴移动至排气管模型的中心位置，按【Ctrl+D】组合键复制立方体后，将其旋转 45°，多次按【Shift+D】组合键复制该立方体，并在排气管模型的底座放置一圈，完成排气管模型底座的制作，如图 3-3-33 所示。

归纳总结：

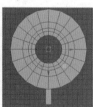

图 3-3-33　制作排气管模型的底座

（5）适当将排气管模型缩放调整至合适大小，并将其放置在建筑模型中，如图 3-3-34 所示。

（6）制作排气管模型边缘的铁架结构。创建两个立方体作为基本体，执行"网格"→"布尔"→"差集"命令；选中立方体四周的侧面，按【Ctrl+E】组合键执行"挤出"命令，调整挤出偏移为 0.03；按【Ctrl+E】组合键第二次执行"挤出"命令，调整挤出厚度为-0.05，如图 3-3-35 所示。

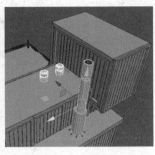

图 3-3-34 排气管模型的位置摆放

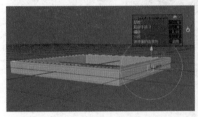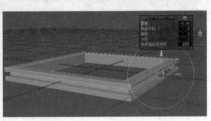

图 3-3-35 制作并调整排气管模型边缘的铁架结构

（7）创建立方体作为基本体，将其放置在排气管模型边缘的铁架结构的四个角上。将排气管模型缩放调整至合适大小后，放置在建筑模型中，如图 3-3-36 所示。

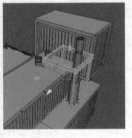

图 3-3-36 排气管模型位置摆放

（六）散热结构

（1）创建立方体作为基本体，使用"多切割"工具插入两条循环边，制作出散热结构模型。选中散热结构模型中间的面执行"挤出"命令，调整挤出厚度为-2；选中模型顶面前后的两条边，按【Ctrl+B】组合键执行"倒角"命令，调整倒角分数为 0.5，如图 3-3-37 所示。

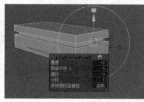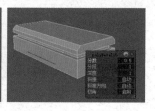

图 3-3-37　制作并调整散热结构模型

（2）创建立方体作为基本体，调整顶点呈现梯形效果，将其放置在散热结构模型的四个侧面上，执行"差集"命令，完成散热结构模型四个侧面的凹面效果的制作，如图 3-3-38 所示。

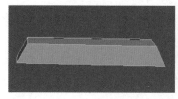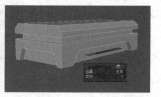

图 3-3-38　制作凹面效果

（3）先创建管道作为基本体，将其放置在散热结构模型的中间；再创建立方体作为基本体，将其放置在散热结构模型的上方两侧，完成散热结构模型的细节制作，如图 3-3-39 所示。

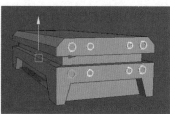

图 3-3-39　制作散热结构模型的细节

（4）创建立方体作为基本体，选中立方体右侧面的两条边，按【Ctrl+B】组合键执行"倒角"命令，调整倒角分数为 0.7，分段为 3，制作出散热结构模型的凸起结构。最后将其放置在散热结构模型的上方，如图 3-3-40 所示。

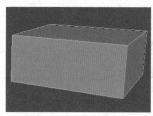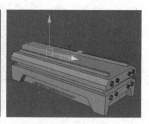

图 3-3-40　制作、调整并放置散热结构模型的凸起结构

问题摘录

（5）将制作好的散热结构模型放置在建筑模型上，如图 3-3-41 所示。

图 3-3-41　散热结构模型的位置摆放

（七）通风结构

（1）创建立方体作为基本体，选中立方体的边，按【Ctrl+B】组合键执行"倒角"命令，调整倒角分数为 0.3，制作出通风结构模型的外轮廓。复制模型，并进行适当缩放；先选中外侧模型，长按【Shift】键再选中中间模型，执行"网格"→"布尔"→"差集"命令，制作镂空效果，完成通风结构模型外轮廓的制作，如图 3-3-42 所示。

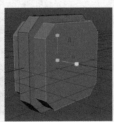

图 3-3-42　制作并调整通风结构模型的外轮廓

（2）创建立方体作为基本体，适当调节立方体厚度，并放置在通风结构模型的外轮廓内侧，通过使用【Ctrl+D】组合键进行复制，完成多个通风结构模型制作。将通风结构模型放置在建筑模型中，如图 3-3-43 所示。

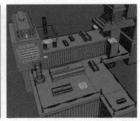

图 3-3-43　制作并放置通风结构模型

归纳总结

_____

_____

_____

_____

_____

_____

问题摘录

_____

_____

_____

_____

（3）完成建筑模型的制作，效果如图 3-3-44 所示。

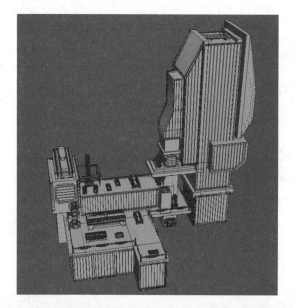

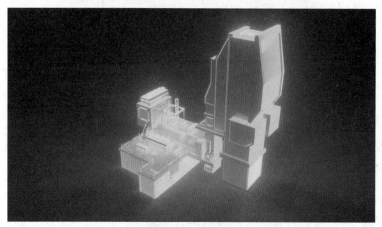

图 3-3-44　建筑模型效果

归纳总结：

_____

_____

_____

_____

_____

_____

任务小结

通过基础物体的建模，我学会了_____工具的使用方法，学会了使用_____命令和工具。

实战演练

在 Maya 软件中，通过使用多种命令和工具的不同组合，可以创建出各种各样的模型。在本实战演练中，我们利用在上面任务中学到的知识，一起来制作如图 3-4-1 所示的房屋建筑模型。在制作房屋建筑模型的过程中，同学们也可以发挥自己的创造力，制作出有个性的、与众不同的房屋建筑模型，可以对模型适当添加细节，并进行创作。本实战演练的制作要求和制作提示如下。

图 3-4-1　房屋建筑模型

制作要求：

（1）能制作出房屋建筑模型的形状。

（2）能合理使用多边形建模工具和命令。

（3）能使用相关工具对模型重新布线。

（4）能对多个模型在三维空间进行排布。

制作提示：

（1）使用立方体制作房屋建筑模型的主体形状，执行"挤出""倒角"命令修改形状，使其符合原画造型。

（2）使用合适的立方体作为基本体来制作单独的模型，并进行打组。

（3）围栏拐角处可以执行"弯曲"命令来制作。

（4）模型效果图作为一个参考，同学们可以对房屋建筑模型的各部分进行适当修改，制作出属于自己的个性化房屋建筑模型，但最后的成果要求形象。

项目评价

完成本任务的学习后，请同学们在相应评价项打"√"，完成自我评价，并通过评价肯定自己的成功，弥补自己的不足。

项目实训评价表					
项目	内容		评定等级		
	学习目标	评价目标	幼鸟	雏鹰	雄鹰
职业能力	能熟练使用多边形建模工具	能使用"挤出""倒角""楔形面"等命令完成模型形状的制作			
		能使用"多切割""插入循环边"等工具重新构建模型拓扑结构			
		能使用"平滑""软/硬化边"等命令完成模型的细化与调整			
通用能力	分析问题的能力				
	解决问题的能力				
	自我提高的能力				
	自我创新的能力				
综合评价					

评定等级说明表	
等级	说明
幼鸟	能在指导下完成学习目标的全部内容
雏鹰	能独立完成学习目标的全部内容
雄鹰	能高质量、高效地完成学习目标的全部内容，并能解决遇到的特殊问题

最终等级说明表	
等级	说明
不合格	不能达到幼鸟水平
合格	可以达到幼鸟水平
良好	可以达到雏鹰水平
优秀	可以达到雄鹰水平

项目四

4

虚拟现实场景之交通工具模型构建

『元宇宙』交通工具模型车厢建模

『元宇宙』交通工具模型车头建模

项目描述

图 4-0-1 交通工具模型效果

本项目通过多个与实际生活或工作相关的真实、可操作的任务，循序渐进、由浅入深地介绍虚拟现实场景之交通工具模型构建，使学生可以练习并巩固 Maya 软件基本工具的使用方法，熟悉虚拟现实制作的相关流程，掌握基础物体的建模方法，能够使用"复制并变换""挤出""倒角"等工具与命令完成模型的创建。

最终的交通工具模型效果如图 4-0-1 所示。

任务要点

- "元宇宙"交通工具模型车厢建模
- "元宇宙"交通工具模型车头建模

项目分析

在本项目的学习中，学生通过学习交通工具模型建模的实际案例，掌握基础物体建模中"挤出""倒角"等命令的使用方法；通过车厢外形建模，深度掌握"镜像""倒角""挤出"命令的使用方法；通过车厢配饰建模，深度掌握"挤出""复制面""复制"命令的使用方法；通过车头部分建模，深度掌握"软选择"命令的使用方法，并能够使用"多切割"工具完成模型的重新布线。通过"元宇宙"交通工具整体结构设计的案例，掌握三维建模的"挤出""复制并变换"等命令的使用方法。本项目主要需要完成以下三个环节。

（1）交通工具模型的车厢外形的制作。

（2）交通工具模型的车厢配饰的制作。

（3）交通工具模型头、尾车厢（即车头）的制作。

知识加油站

党的二十大报告指出，加快构建新发展格局，着力推动高质量发展。建设现代化产业体系。坚持把发展经济的着力点放在实体经济上，推进新型工业化，加快建设制造强国、质量强国、航天强国、交通强国、网络强国、数字中国。

城市公共交通是满足人民群众基本出行的社会公益性事业，是交通运输服务业的重要组成部分，与人民群众生产生活息息相关，与城市运行和经济发展密不可分，是一项重大的民生工程。推进城市公共交通行业健康发展，保证城市公共交通平稳有序运行，对于促进经济社会可持续发展、改善城市人居环境、促进城市文明、保障广大人民群众基本出行权益至关重要。

"十三五"时期，我国综合交通运输体系建设取得了历史性成就，基本能够适应经济社会发展要求，人民获得感和满意度明显提升，为取得脱贫攻坚全面胜利、实现第一个百年奋斗目标提供了基础保障，在应对疫情防控、加强交通运输保障、促进复工复产等方面发挥了重要作用。国务院印发"十四五"现代综合交通运输体系发展规划，明确到 2025 年，综合交通运输基本实现一体化融合发展，智能化、绿色化取得实质性突破，综合能力、服务品质、运行效率和整体效益显著提升，交通运输发展向世界一流水平迈进。

任务一　"元宇宙"交通工具模型的车厢建模

任务目标

1. 掌握"元宇宙"交通工具模型的车厢建模方法
2. 熟练使用 Maya 软件的主要工具和命令

任务描述

在熟悉 Maya 软件的基础上，使用"插入循环边""倒角""特殊复制"等工具和命令来完成"元宇宙"交通工具模型的车厢部分的制作。通过实例，学生可以掌握 Maya 软件制作三维模型的基础方法。

任务导图

实现过程

一、"元宇宙"交通工具模型的车厢的原画分析

观察原画中的物体造型,发现交通工具模型的车厢外形可以通过复制来减少制作时间;只需制作一个带门车厢、一个带轮车厢、一个车厢内部的座椅、一个扶手,之后进行复制即可完成整个模型的制作。

交通工具的车厢模型可分成三部分完成:**车厢外形、车厢配饰、打组**。本任务将按照这三部分顺序、分步完成模型的制作,最终的"元宇宙"交通工具模型的车厢效果如图 4-1-1 所示。

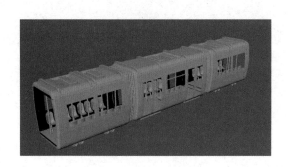

图 4-1-1　车厢效果

二、交通工具模型的车厢制作

(一)车厢外形

交通工具模型的车厢有带门车厢和带轮车厢两种形态。首先制作带门车厢模型。

(1)创建立方体作为基本体,调整高度分段数为 6,制作出车厢模型。执行"缩放"命令调整车厢模型的比例,使其比例大致符合原画,如图 4-1-2 所示。

(2)在点模式下选中车厢模型中间的顶点,先按【B】键打开软选择模式,再长按【B】键,配合鼠标左键调整软选择范围。执行"缩放"命令将车厢模型调整成中间宽、上下窄的形状;最后按【B】键关闭软选择模式,如图 4-1-3 所示。

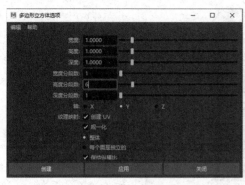
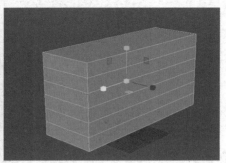

图 4-1-2　制作并调整车厢模型

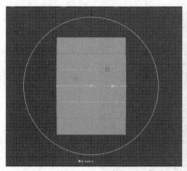

图 4-1-3　在软选择模式下调整车厢模型形状

（3）车厢是一个对称物体。为了减少工作量，可以在侧视图和俯视图中分别为车厢模型添加中线，如图 4-1-4 所示。

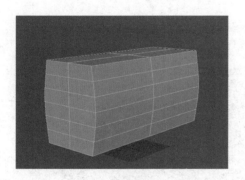

图 4-1-4　为车厢模型添加中线

（4）在面模式下删除车厢模型前、后的面，并在边模式下，选中车厢模型的边，按【Ctrl+B】组合键对边执行"倒角"命令；调整倒角分数为 0.6，分段为 4，如图 4-1-5 所示。

（5）在边模式下选中车厢模型前、后的边，按【Ctrl+E】组合键对边执行"挤出"命令，调整局部平移 Z 为-2，调整车厢模型的厚度，如图 4-1-6 所示。

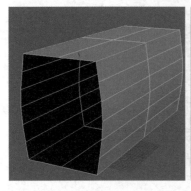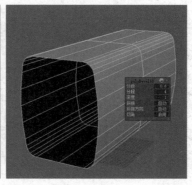

图 4-1-5　对车厢模型的边倒角并调整

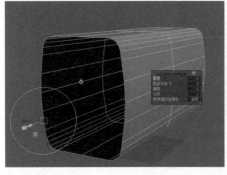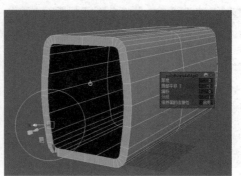

图 4-1-6　调整车厢模型的厚度

（6）选中车厢模型前、后的边，按【Ctrl+B】组合键对边执行"倒角"命令；调整倒角分数为 0.7，分段为 3，如图 4-1-7 所示。

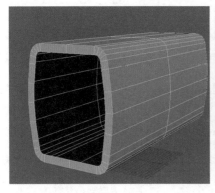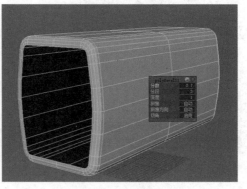

图 4-1-7　对车厢模型前、后的边倒角并调整

（7）带门车厢和带轮车厢的外观相似，因此可以复制前面制作好的车厢模型备用。具体操作如下：在对象模式下，按【Ctrl+D】组合键复制车厢模型，沿 Z 轴调整位置，并进行缩放。为了不影响操作，可以按【Ctrl+H】组合键隐藏复制的对象，如图 4-1-8 所示。

图 4-1-8　复制车厢模型

（8）参考原画中车厢车门的位置，为车厢模型插入两条循环边，并在这两条循环边的中间插入中线，如图 4-1-9 所示。

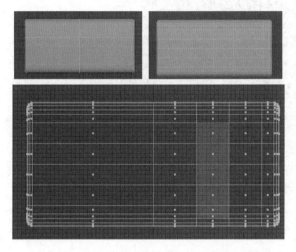

图 4-1-9　为车厢模型插入循环边和中线

（9）选中车厢模型前、后两侧相同位置的面，按【Ctrl+E】组合键对面执行"挤出"命令，调整局部比例 X 为 0.05，局部比例 Y 为 0.75。使用相同参数对右边的面挤出，制作车门，如图 4-1-10 所示。

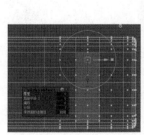 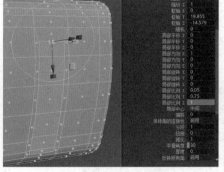 

图 4-1-10　对车厢模型的面挤出并调整，制作车门

学习笔记

知识链接

镜像：可以将对象紧挨着自身进行镜像。

镜像方向：用来设置镜像的方向，一般都是沿着坐标轴的方向。例如，"+X"表示沿着 X 轴的正方向进行镜像；"−X"表示沿着 X 轴的负方向进行镜像。

与原始合并：执行该命令后，由镜像得到的平面会与原始平面合并在一起。

合并顶点阈值：处于该值范围内的顶点会相互合并。只有在"与原始合并"的选项处于启用状态时，该值才可用。

（10）在面模式下选中车厢模型右视图的左侧一半的面，按【Delete】键删除，并执行"镜像"命令，调整镜像轴位置为"对象"，镜像轴为"Z"，镜像方向为"+"，完成车厢模型左侧一半的复制，如图 4-1-11 所示。

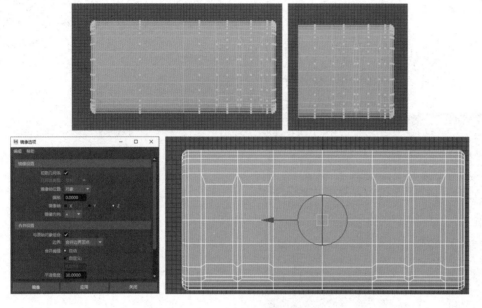

图 4-1-11　对车厢模型镜像

（11）使用与制作车门相似的方法来制作车窗。选中车厢模型左、右两侧相同位置的面，按【Ctrl+E】组合键对面执行"挤出"命令，设置局部比例 X 为 0.2，局部比例 Y 为 0.6，如图 4-1-12 所示。

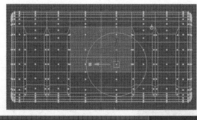

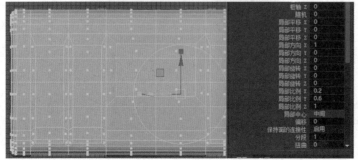

图 4-1-12　对车厢模型的面挤出制作车窗并调整

（12）使用"多切割"工具，配合【Shift】键，在车厢模型的20%处进行切割，为模型的车窗重新布线，制作出车窗横栏。使用相同方法来制作另一侧的车窗横栏，如图4-1-13所示。

图4-1-13 为车窗重新布线制作车窗横栏

（13）将隐藏的模型显示出来，参考原画中车窗的位置为车厢模型插入一条循环边，如图4-1-14所示。

图4-1-14 为车厢模型插入循环边

（14）制作另一处车窗。同时选中模型的左、右两侧相同位置的面，按【Ctrl+E】组合键对面执行"挤出"命令，为了使其与另一车厢的车窗高度一致，调整局部比例X为0.2，局部比例Y为0.85，如图4-1-15所示。

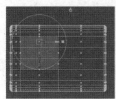 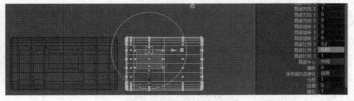

图4-1-15 对面挤出制作车厢的车窗

学习笔记

（15）在面模式下选中车厢模型右视图的右侧一半的面，按
【Delete】键删除，并执行"镜像"命令，调整镜像轴位置为"对象"，
镜像轴为"Z"，镜像方向为"-"，完成车厢模型右侧一半的复制，
如图 4-1-16 所示。

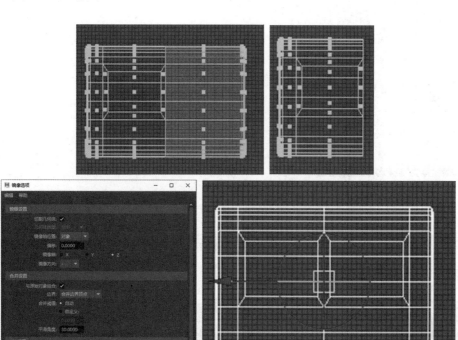

图 4-1-16　对车厢模型的右侧一半镜像

（16）选中如图 4-1-17 所示的面，按【Shift+鼠标右键】组合键执
行"提取面"命令，将选中的面单独提取出来作为玻璃部分。为了方
便观察，设置提取的面为布林材质，调整透明度 100%，反射率 0.14。

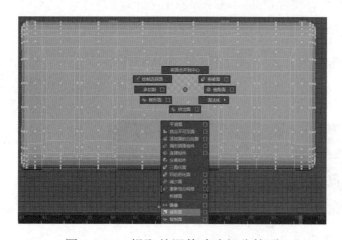

图 4-1-17　提取并调整玻璃部分的面

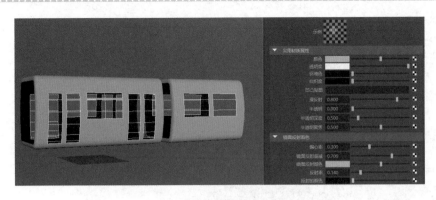

图 4-1-17　提取并调整玻璃部分的面（续）

（17）在车厢模型如图 4-1-18 所示的位置插入两条循环边，对车厢模型重新布线，执行"修改"→"枢轴"→"中心枢轴"命令。在面模式下，选中车厢模型俯视图的上侧一半的面，按【Delete】键删除，执行"镜像"命令，调整镜像轴位置为"对象"，镜像轴为"Z"，镜像方向为"–"，合并阈值自定义为 0.001，完成车厢模型俯视图上侧一半的复制。

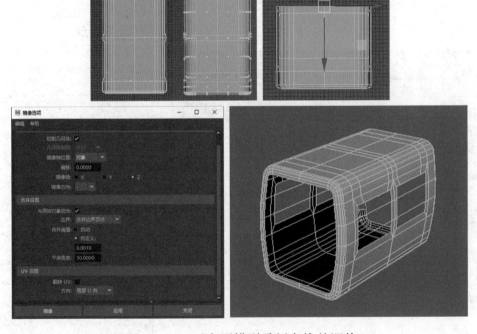

图 4-1-18　对车厢模型重新布线并调整

问题摘录

_____

_____

_____

_____

_____

（18）选中车厢模型的面，按【Ctrl+E】组合键对面执行"挤出"命令，调整局部比例 X、Y、Z 均为 0.7，局部平移 Z 为 -0.9，如图 4-1-19 所示。

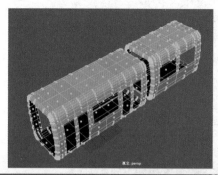

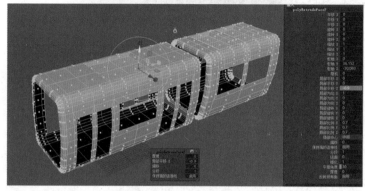

图 4-1-19　对车厢模型顶部的面挤出并调整

（19）依次对车厢模型的每条边倒角，调整倒角分数为 0.1。选中车厢模型缝隙处的面，按【Ctrl+E】组合键对面执行"挤出"命令，调整挤出厚度为-0.1，如图 4-1-20 所示。

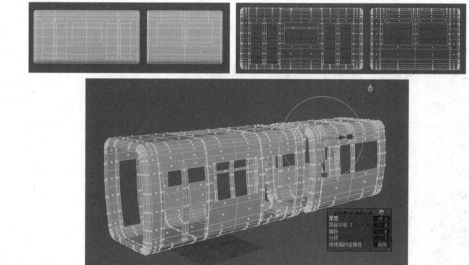

图 4-1-20　对边倒角，对面挤出并调整

（20）依次对车厢模型的边倒角，调整倒角分数值为 0.1；选中车厢模型的面，按【Ctrl】键取消选中缝隙处的面，按【Ctrl+E】组合键对面执行"挤出"命令，调整挤出厚度为 0.2，如图 4-1-21 所示。

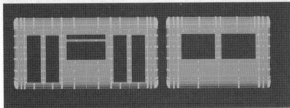

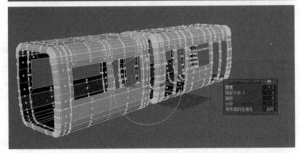

图 4-1-21　对车厢模型的部分面挤出并调整

（二）车厢配饰

1. 车厢模型的底部和顶部

（1）创建立方体作为基本体，调整大小和位置，制作车厢顶部模型。删除车厢顶部模型的底面，按【Ctrl+B】组合键执行"倒角"命令，调整倒角分数为 0.2，复制车厢顶部模型并将其放置在合适位置上，如图 4-1-22 所示。

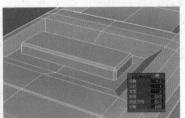

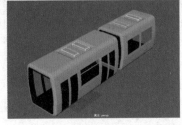

图 4-1-22　制作并调整车厢顶部模型

（2）删除如图 4-1-23 所示选中的面，为添加门槛模型做准备。

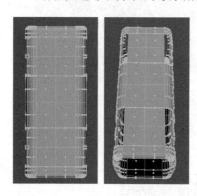

图 4-1-23　删除选中的面

（3）创建立方体作为基本体，调整大小和位置，按【Ctrl+B】组合键执行"倒角"命令，调整倒角分数为 0.3，分段为 3，制作出门槛模型。在仰视图状态下按【Insert】键的同时按【X】键，将坐标轴中心调整到零点，冻结变换。按【Ctrl+D】组合键进行复制，创建三个副本，调整缩放值（X，Y，Z）分别为（-1，1，1）、（1，1，-1）、（-1，1，-1），如图 4-1-24 所示。

问题摘录

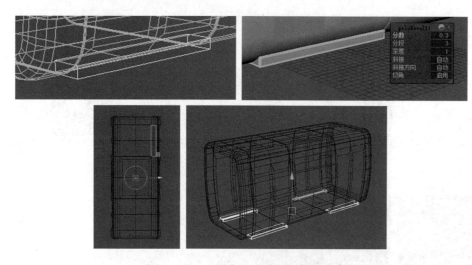

图 4-1-24　制作与调整门槛模型

（4）创建多边形平面作为基本体，调整宽度分段数为 4，高度分段数为 4，按【Ctrl+D】组合键进行复制，创建副本，调整大小和位置，制作车厢模型的天花板和地板，如图 4-1-25 所示。

（5）创建立方体作为基本体，调整宽度分段数为 2，并插入两条循环边，在顶点模式下调整车厢模型顶部装饰物的形状，如图 4-1-26 所示。

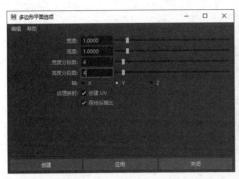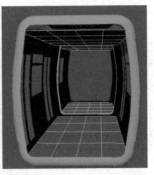

图 4-1-25 制作并调整车厢模型的天花板和地板

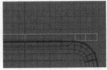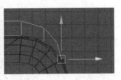

图 4-1-26 调整车厢模型顶部装饰物的形状

（6）在面模式下，选中车厢模型的前视图的左侧一半的面，按【Delete】键删除，执行"镜像"命令，设置镜像轴位置为"对象"，镜像轴为"X"，镜像方向为"-"，完成右侧车厢模型的装饰物的镜像，如图 4-1-27 所示。

图 4-1-27 镜像车厢模型的装饰物

（7）在边模式下，选中车厢模型上边缘的边，按【Ctrl+B】组合键对边执行"倒角"命令；调整倒角分数为 0.3，分段为 3。通过冻结变换、调整轴的中心位置、复制等操作完成适当位置的放置，如图 4-1-28 所示。

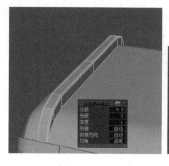

图 4-1-28　对车厢模型的装饰物倒角并调整

2．车厢模型之间的连接件

（1）在两节车厢模型中间创建立方体作为基本体，调整高度分段数为 6，深度分段数为 13，制作车厢模型之间的连接件，如图 4-1-29 所示。

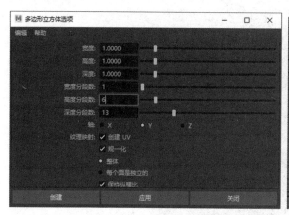
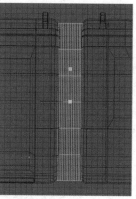

图 4-1-29　制作并调整车厢模型之间的连接件

（2）与车厢模型的基本形状调整方法一致。在点模式下选中模型中间的顶点，按【B】键打开软选择模式，并通过长按【B】键，配合鼠标左键调整软选择范围。执行"缩放"命令将连接件模型调整为中间宽、上下窄的形状，如图 4-1-30 所示。再次按【B】键关闭软选择模式。

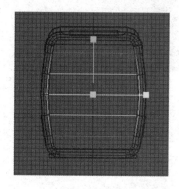

图 4-1-30　软选择调整连接件模型的形状

（3）在边模式下，通过鼠标双击的方式选择图中第2、5、6、12条循环边，使用"缩放"工具按中心缩放，删除连接件模型的前、后方的面，并添加平面，如图4-1-31所示。

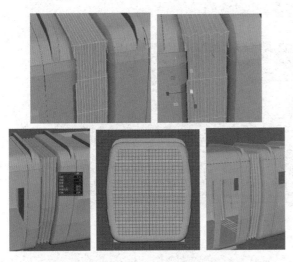

图 4-1-31　调整连接件模型的面

3. 轮子

（1）创建立方体作为基本体，调整宽度分段数为2，深度分段数为2，制作出轮子模型的一部分并调整至合适大小，选中模型边缘的边，按【Ctrl+B】组合键执行"倒角"命令，调整倒角分数为0.2，分段为2，如图4-1-32所示。

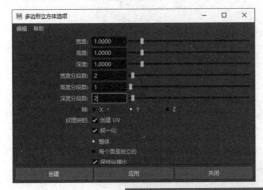

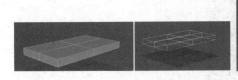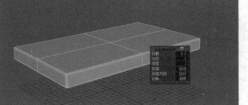

图 4-1-32　制作并调整轮子模型的一部分

（2）创建圆柱体作为基本体，调整轴分段数为 18，轴为"X"。调整圆柱体的大小和位置，选中圆柱体边缘的边，按【Ctrl+B】组合键执行"倒角"命令，调整倒角分数为 0.2，分段为 2，制作出轮子模型，如图 4-1-33 所示。

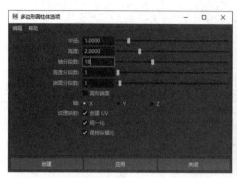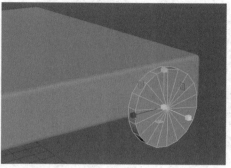

图 4-1-33　制作轮子模型

（3）选中轮子模型的面，先按【Ctrl+E】组合键执行"挤出"命令，将轮子模型中心缩放以调整局部比例；再按【Ctrl+E】组合键执行"挤出"命令，局部沿 Z 轴方向平移；接着按【Ctrl+E】组合键执行"挤出"命令，将轮子中心缩放以调整局部比例；最后按【Ctrl+E】组合键执行"挤出"命令，向内局部沿 Z 轴平移，并适当将轮子模型中心缩放以调整局部比例，如图 4-1-34 所示。

问题摘录

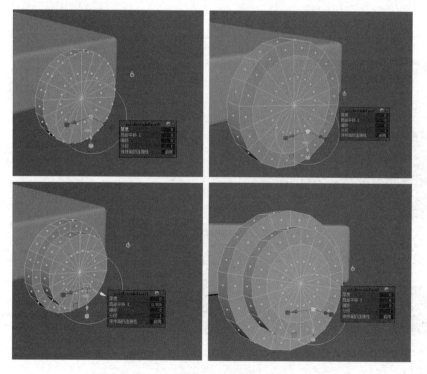

图 4-1-34　对面挤出调整轮子模型形状

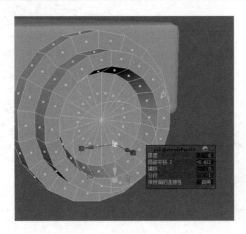

图 4-1-34　对面挤出调整轮子模型形状（续）

（4）选中轮子模型的边，按【Ctrl+B】组合键对边执行"倒角"命令；调整倒角分数为 0.5，分段为 1，如图 4-1-35 所示。

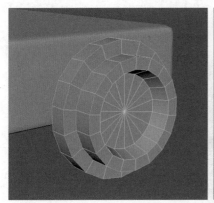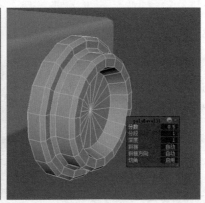

图 4-1-35　对轮子模型的边倒角并调整

（5）将上一步制作的冻结变换、复制并沿 Z 轴方向平移，按【Ctrl+G】组合键将两个轮子模型打组，使用【Ctrl+D】组合键进行复制，创建三个副本，调整缩放值（X，Y，Z）分别为（-1，1，1）、（1，1，-1）、（-1，1，-1），按【Ctrl+G】组合键将制作好的模型打组，放置到车厢模型的合适位置上，如图 4-1-36 所示。

图 4-1-36　打组轮子并摆放

4. 座椅

（1）创建立方体作为基本体，调整细分宽度为 10，深度细分数为 4，并调整大小，制作出座椅模型的椅面，如图 4-1-37 所示。

图 4-1-37　制作座椅模型的椅面

（2）切换到俯视图，调整顶点，在点模式下选中椅面模型中间的顶点，按【B】键打开软选择模式，通过长按【B】键，配合鼠标左键调整软选择范围。执行"移动"命令向下移动 Y 轴。再次按【B】键关闭软选择模式，如图 4-1-38 所示。

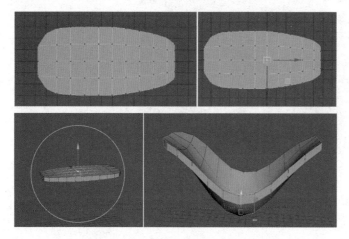

图 4-1-38　软选择调整椅面模型

（3）切换到俯视图，调整顶点，在点模式下选中椅面模型的边，按【Ctrl+B】组合键对边执行"倒角"命令；调整倒角分数为 0.8，分段为 1，如图 4-1-39 所示。

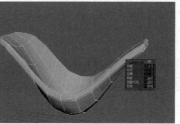

图 4-1-39　对椅面模型的边倒角并调整

（4）执行"旋转"命令将 Z 轴旋转-40°，调整成椅面模型的形态，并在点模式下适当微调，如图 4-1-40 所示。

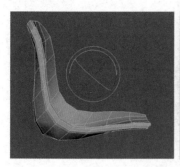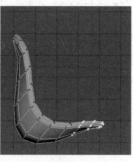

图 4-1-40　旋转椅面模型并微调

（5）创建圆柱体作为基本体，制作出椅腿模型。调整椅腿模型上方的顶点，按【Ctrl+G】组合键将其与椅面模型打组，如图 4-1-41 所示。

图 4-1-41　制作椅腿并打组

（6）选中打组后的座椅模型，按【Ctrl+Shift+D】组合键进行特殊复制，将复制的座椅模型沿 X 轴移动到合适位置，并继续按两次【Shift+D】组合键，如图 4-1-42 所示。

问题摘录

_____

_____

_____

_____

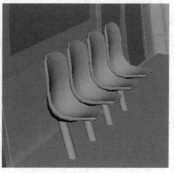

图 4-1-42　特殊复制座椅模型

121

（7）结合镜像方法，使用特殊复制添加车厢内其余座椅，并创建圆柱体作为基本体来制作扶杆模型，如图 4-1-43 所示。

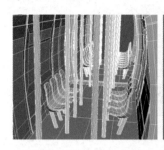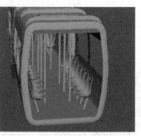

图 4-1-43　添加座椅模型并制作扶杆模型

（三）打组

将两节车厢模型分别打组，效果如图 4-1-44 所示。

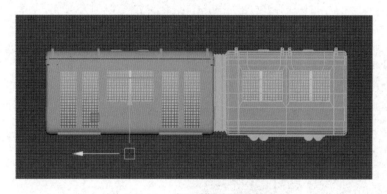

图 4-1-44　车厢模型打组效果

任务二　"元宇宙"交通工具模型的车头建模

任务目标

1. 掌握"元宇宙"交通工具模型的车头建模方法
2. 熟练使用 Maya 软件的主要工具和命令

任务描述

在熟悉 Maya 软件的基础上，使用"插入循环边""倒角""特殊复制""目标焊接"等工具和命令完成"元宇宙"交通工具模型的车头部分的制作。通过实例，学生可以掌握 Maya 软件制作三维模型的基础方法。

特殊复制如何实现对称复制？请动手试一试吧！（提示：冻结变换、缩放）
_____
_____

学习笔记
_____
_____
_____
_____
_____

任务导图

"元宇宙"交通工具模型的车头建模

❶ 原画分析　　　　　部分物体相同或对称

❷ 建模思路　　　　　车头外形—控制台配件—打组

❸ 主要工具和命令　　插入循环边、倒角、特殊复制、目标焊接

实现过程

一、"元宇宙"交通工具模型的车头的原画分析

观察原画中的物体造型，发现交通工具模型的车头外形是对称的，可以通过复制来减少制作时间；车头模型内部的座椅、扶手模型只需要复制车厢模型中制作的成品，再进行复制、打组即可完成整个交通工具模型的构建。

车头模型可分成三部分完成：车头外形、控制台配件、打组。本任务将按照上述三部分顺序、分步完成车头模型的制作，最终的交通工具模型车头效果图如图 4-2-1 所示。

图 4-2-1　交通工具模型车头效果图

二、交通工具模型的车头制作

（一）车头外形

（1）创建立方体作为基本体，调整高度分段数为 6，深度分段数和宽度分段数为 2，制作出车头模型。执行"缩放"命令调整车头模型的比例，使车头模型的比例大致符合原画，如图 4-2-2 所示。

知识链接

城市轨道交通系统是指在城市中使车辆在固定导轨上运行的系统，主要用于城市客运的交通系统。城市轨道交通系统通常以电能为动力，轮轨运行方式为特征，是车辆或列车与轨道等各种相关设施的总和。它具有能缓解地面交通拥挤和有利于环境保护等优点，常被称为"绿色交通"。

课外拓展

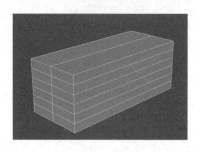

图 4-2-2　制作并调整车头模型

（2）在点模式下选中车头模型中间的顶点，按【B】键打开软选择模式，通过长按【B】键，配合鼠标左键调整软选择范围。执行"缩放"命令将车头模型调整成中间宽、上下窄的形状，如图 4-2-3 所示。再次按【B】键关闭软选择模式。

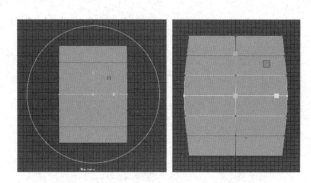

图 4-2-3　软选择模式调整车头模型形状

（3）在右视图中插入循环边，为车窗等模型的制作做准备，在点模式下调整前端顶点来调整车头模型的形状，如图 4-2-4 所示。

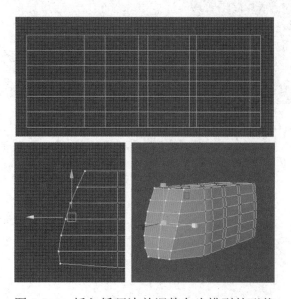

图 4-2-4　插入循环边并调整车头模型的形状

（4）选中车头模型的面，按【Ctrl+E】组合键执行"挤出"命令，调整挤出厚度为1.5，适当调整车头模型边缘的边，如图4-2-5所示。

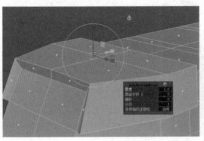

图4-2-5 挤出车头模型的面并调整

（5）选中车头模型的边，按【Ctrl+B】组合键对边执行"倒角"命令；调整倒角分数为0.8，分段为3，如图4-2-6所示。

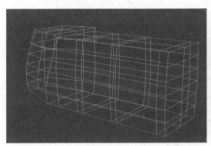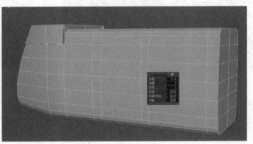

图4-2-6 对车头模型的边倒角并调整

（6）选中车头模型的面，提取面后，将面移动到车头模型中的车厢控制室的后方位置，制作出过道门，如图4-2-7所示。

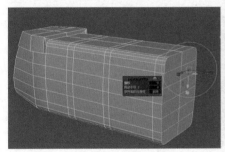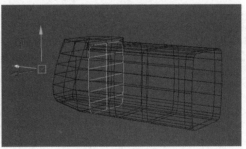

图4-2-7 提取车头模型的面制作过道门

（7）在边模式下选中车头模型的边，按【Ctrl+E】组合键对边执行"挤出"命令，设置局部偏移Z制作出车厢的厚度，如图4-2-8所示。

（8）选中车头模型厚度的边，按【Ctrl+B】组合键对边执行"倒角"命令；调整倒角分数为0.5，分段为2，如图4-2-9所示。

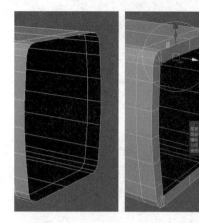

图 4-2-8　对车头模型的边挤出

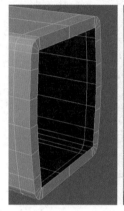

图 4-2-9　对车头模型厚度的边倒角并调整

（9）选中车头模型上部的面，按【Ctrl+E】组合键执行"挤出"命令，设置局部平移 X，适当调整边缘的边，如图 4-2-10 所示。

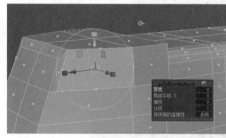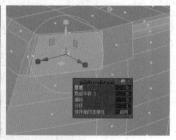

图 4-2-10　对车头模型上部的面挤出并调整

（10）使用"多切割"工具插入三条边，对这三条边执行"倒角"命令，调整倒角分数为 0.5；再插入两条循环边，如图 4-2-11 所示。

图 4-2-11　对车头模型重新布线

（11）选中车头模型的边，按【Shift+右键】组合键执行"收拢边"命令，如图 4-2-12 所示。

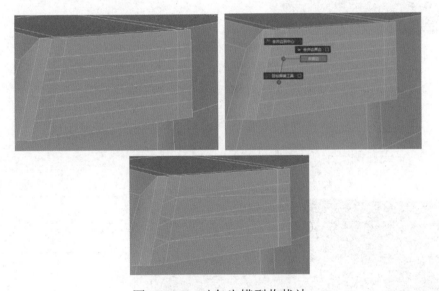

图 4-2-12　对车头模型收拢边

（12）选中车头模型的面，按【Ctrl+E】组合键执行"挤出"命令，设置局部平移 Z，如图 4-2-13 所示。

（13）选中车头模型的面，按【Ctrl+E】组合键执行"挤出"命令，调整局部比例，制作出车头模型的车窗。使用相同的方式制作车头模型右侧的剩余的车窗，如图 4-2-14 所示。

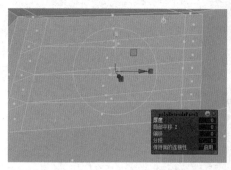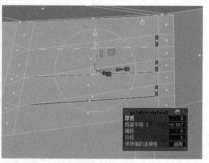

图 4-2-13　对车头模型的面挤出并调整

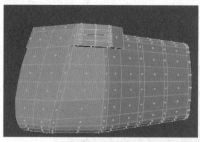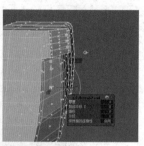

图 4-2-14　制作车头模型的车窗

（14）在面模式下，选中车头模型前视图的左侧一半的面，按
【Delete】键删除，并执行"镜像"命令，调整镜像轴位置为"对象"，镜
像轴为"X"，镜像方向为"-"，完成右侧一半的复制，如图 4-2-15 所示。

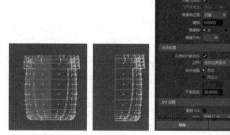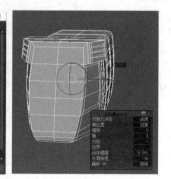

图 4-2-15　镜像复制车头模型的另一侧

（15）选中车头模型的面，按【Ctrl+E】组合键执行"挤出"命令，
调整局部比例，制作出车头模型的挡风玻璃如图 4-2-16 所示。

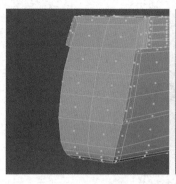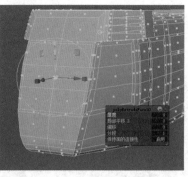

图 4-2-16　对面挤出制作前挡风玻璃

（16）选中车头模型的边，按【Ctrl+B】组合键执行"倒角"命令，调整倒角分数为 1，如图 4-2-17 所示。

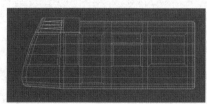

图 4-2-17　对车头模型的边倒角并调整

（17）选中车头模型的面，按【Ctrl+E】组合键执行"挤出"命令，调整挤出厚度为-0.3，制作出缝隙，如图 4-2-18 所示。

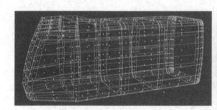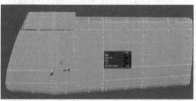

图 4-2-18　对面挤出并调整制作缝隙

（18）选中模型的面，按【Shift+右键】组合键执行"提取面"命令，将面单独提取出来，右击面，在弹出的快捷菜单中将其设置为现有的玻璃材质，如图 4-2-19 所示。

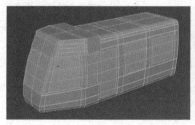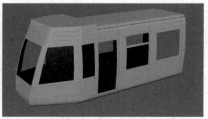

图 4-2-19　提取车门、车窗的面并设置材质

（19）结合"多切割"工具和"镜像"命令，对车头模型的过道门进行重新布线，如图 4-2-20 所示。

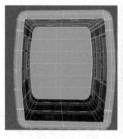

图 4-2-20　对过道门重新布线

（20）使用与车厢模型顶部细节的制作方式相同的方式，完成车头模型顶部细节制作。复制已有的零部件模型，放置在合适位置上，如图 4-2-21 所示。

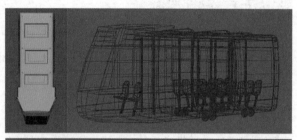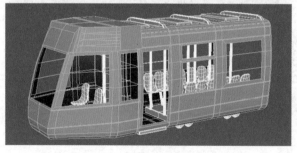

图 4-2-21　添加车头模型顶部的细节

（21）选中车头模型的面，执行"复制面"命令，对复制得到的面执行"网格显示"→"反向"命令，调整位置作为车头模型的地板部分，如图 4-2-22 所示。

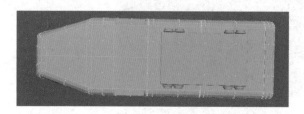

图 4-2-22　制作车头模型的地板部分

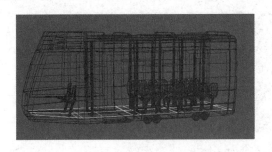

图 4-2-22 制作车头模型的地板部分（续）

（22）使用"多切割"工具重新布线，选中车头模型的面向内挤出，制作出凹槽如图 4-2-23 所示。

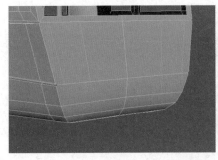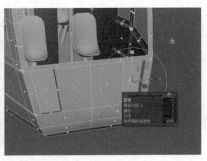

图 4-2-23 重新布线并对面挤出制作凹槽

（二）控制台配件

（1）创建圆柱体作为基本体，调整轴向为"Z"，并调整大小，制作出车灯模型，如图 4-2-24 所示。

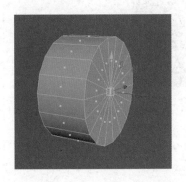

图 4-2-24 制作出车灯模型

（2）选中车灯模型的面，按【Ctrl+E】组合键执行"挤出"命令，将其中心缩放调整局部比例；再次按【Ctrl+E】组合键执行"挤出"命令，设置局部平移 Z；接着按【Ctrl+E】组合键执行"挤出"命令，将其中心缩放调整局部比例，设置局部平移 Z，调整车灯模型形状，如图 4-2-25 所示。

问题摘录

学习笔记

课外拓展

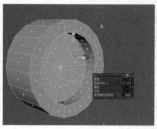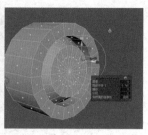

图 4-2-25　对面挤出调整车灯模型形状

（3）选中车灯模型的边，按【Ctrl+B】组合键对边执行"倒角"命令；调整倒角分数为 1，分段为 4，如图 4-2-26 所示。

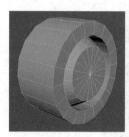

图 4-2-26　对车灯模型倒角并调整

（4）选中车灯模型的边，按【Ctrl+B】组合键对边执行"倒角"命令；调整倒角分数为 0.01，分段为 1，如图 4-2-27 所示。

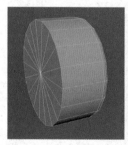

图 4-2-27　对车灯模型的部分边倒角并调整

（5）按【3】键高质量显示车灯模型，并将车灯模型放置到车头模型的合适位置，如图 4-2-28 所示。

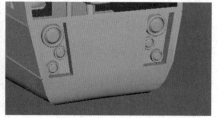

图 4-2-28　高质量显示车灯模型并放置

问题摘录

学习笔记

高效记忆
（1）按【1】键：粗糙质量显示。
（2）按【2】键：中等质量显示。
（3）按【3】键：高质量显示。

（6）创建立方体作为基本体，调整宽度细分为8，并调整大小，制作出控制台模型，如图4-2-29所示。

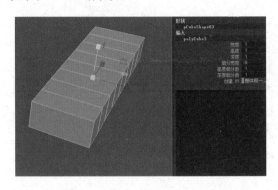

图4-2-29　制作并调整控制台模型

（7）在点模式下，选中控制台模型中间的顶点，按【B】键打开软选择模式，通过长按【B】键，配合鼠标左键调整软选择范围。执行"移动"命令调整出控制台模型的上部的形状，如图4-2-30所示。再次按【B】键关闭软选择模式。

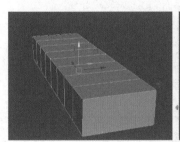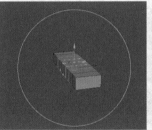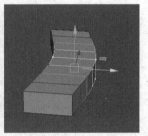

图4-2-30　软选择调整控制台模型的上部的形状

（8）选中控制台模型的面，按【Ctrl+E】组合键执行"挤出"命令，调整局部平移 Z，调整 Y 轴局部比例后，设置局部平移 Y，如图4-2-31所示。

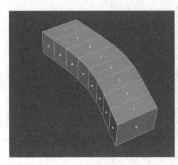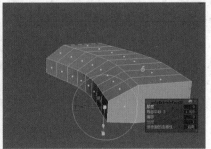

图4-2-31　对面挤出制作控制台模型

（9）选中控制台模型的边，按【Ctrl+B】组合键对边执行"倒角"命令；调整倒角分数为 0.2，分段为 1，如图 4-2-32 所示。

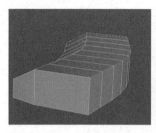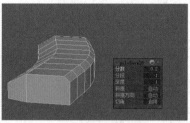

图 4-2-32　对控制台模型倒角并调整

（10）选中控制台模型的面，按【Ctrl+E】组合键执行"挤出"命令，制作出顶部支架模型。调整局部比例，再次按【Ctrl+E】组合键执行"挤出"命令，调整局部平移 Y 和 Z，将其添加到控制室合适的位置，如图 4-2-33 所示。

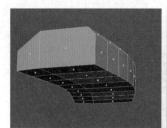

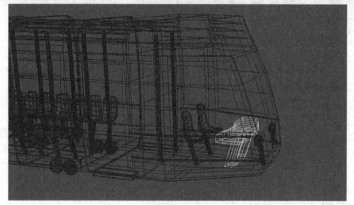

图 4-2-33　对面挤出制作顶部支架模型

（11）创建立方体作为基本体，调整高度细分为 8，并调整大小，制作出雨刷器模型。在点模式下调整形状，如图 4-2-34 所示。

（12）选中雨刷器模型的边，按【Ctrl+B】组合键对边执行"倒角"命令；调整倒角分数为 0.4，分段为 2。使用"目标焊接"工具将多余的顶点合并，如图 4-2-35 所示。

图 4-2-34　制作并调整雨刷器模型

图 4-2-35　对雨刷器模型的边倒角并焊接顶点

（13）在软选择模式下调整雨刷器模型形状，添加一个立方体和圆柱体作为基本体，对新添加的立方体倒角，将其调整至合适位置，如图 4-2-36 所示。

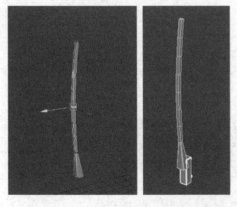

图 4-2-36　软选择调整雨刷器模型

（14）创建立方体作为基本体，调整高度分段数为 16，并调整大小，制作出雨刷模型。将其复制三次，使用软选择模式调整成适当的形状，如图 4-2-37 所示。

问题摘录

学习笔记

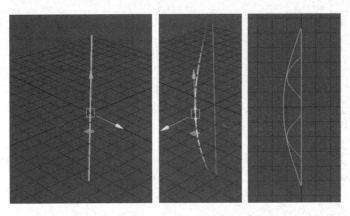

图 4-2-37　软选择制作雨刷模型

（15）调整雨刷器模型的大小和位置，将雨刷器模型与雨刷模型打组，将打组好的模型放置到合适的位置，效果如图 4-2-38 所示。

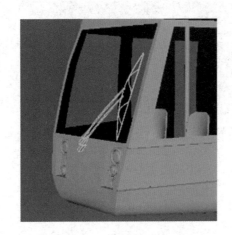

图 4-2-38　雨刷器模型效果

（三）打组

对车头模型和车厢模型分别打组，整合成完整的交通工具模型，效果如图 4-2-39 所示。

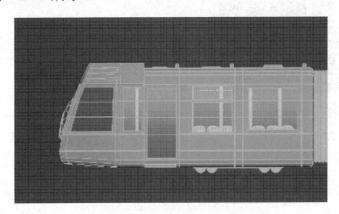

图 4-2-39　交通工具模型效果

图 4-2-39 交通工具模型效果（续）

任务小结

通过交通工具模型的建模，我学会了_____工具的使用方法，学会了使用_____命令。

实战演练

在 Maya 软件中，通过使用多种命令的不同组合可以创建出令人满意的模型。在本实战演练中，我们将利用在上述任务学到的知识，一起制作卡通车模型，如图 4-3-1 所示。在制作卡通车模型的过程中，同学们可以发挥自己的创造力，制作出有个性的、与众不同的卡通车模型，对模型可以适当添加细节。

图 4-3-1　卡通车模型

制作要求：

（1）能制作出卡通车模型的形状。

（2）能合理使用多边形建模工具与命令。

（3）能使用相关工具对模型进行重新布线。

（4）能对多个模型在三维空间进行排布。

制作提示：

（1）使用立方体制作卡通车模型的主体形状，通过执行"挤出""倒角"命令进行形状修改，使其符合原画造型。

（2）使用合适的基本体制作单独部件并进行整合。

（3）可以使用平面制作窗帘模型。

（4）模型效果图作为一个参考，同学们可以对卡通车模型的各部件适当修改，创造出属于自己的个性化卡通车模型，但最后的成果要形象。

项目评价

完成本任务的学习后，请同学们在相应评价项打"√"，完成自我评价，并通过评价肯定自己的成功，弥补自己的不足。

项目	内容		评定等级		
	学习目标	评价目标	幼鸟	雏鹰	雄鹰
职业能力	能熟练使用多边形建模工具	能使用"挤出""倒角""楔形面"等工具和命令完成模型形状的制作			
		能使用"多切割""插入循环边"等工具和命令重新构建模型拓扑结构			
		能使用"平滑""软/硬化边"完成模型的细化与调整			
通用能力	分析问题的能力				
	解决问题的能力				
	自我提高的能力				
	自我创新的能力				
综合评价					

项目实训评价表

等级	说明
幼鸟	能在指导下完成学习目标的全部内容
雏鹰	能独立完成学习目标的全部内容
雄鹰	能高质量、高效地完成学习目标的全部内容，并能解决遇到的特殊问题

评定等级说明表

等级	说明
不合格	不能达到幼鸟水平
合格	可以达到幼鸟水平
良好	可以达到雏鹰水平
优秀	可以达到雄鹰水平

最终等级说明表

5

项目五

虚拟现实场景之概念地形空间构建

「元宇宙」概念地形空间构建

「元宇宙」概念地形空间整体结构建模

「元宇宙」概念地形空间外观细节建模

项目描述

在完成建筑模型构建的基础上，学习构建虚拟现实场景之概念地形空间。通过对本项目的学习，学生可以熟练掌握 Maya 软件基本工具的使用方法，熟悉场景模型制作的相关流程，能够使用"楔形面""特殊复制""多切割"等工具与命令完成模型的创建。

最终的概念地形空间模型效果如图 5-0-1 所示。

图 5-0-1　概念地形空间模型效果

任务要点

- "元宇宙"概念地形空间整体结构建模
- "元宇宙"概念地形空间细节结构建模

项目分析

在本项目的学习中，学生通过构建桥梁模型、铁路模型的实际案例，掌握物体建模的"特殊复制""软选择""晶格"等命令；通过概念地形空间整体结构中的桥梁模型主体的结构制作，使学生深度掌握"冻结变换""楔形面""扭曲"等命令；通过概念地形空间整体结构中的铁路模型主体结构制作，使学生深度掌握"特殊复制""多切割"等命令和工具的使用；通过概念地形空间细节结构中的桥梁围栏模型、铁路围栏模型建模，使学生深度掌握"布尔运算""打组"等命令；通过概念地形空间细节结构中的桥梁路灯模型、铁路信号灯模型建模，掌握三维建模的"楔形面""晶格"等命令的使用。本项目主要完成以下四个环节。

（1）桥梁模型主体结构的制作。

（2）桥梁模型配件结构的制作。

（3）铁路模型主体结构的制作。

（4）铁路模型配件结构的制作。

📟 知识加油站

党的二十大报告指出，加快实施创新驱动发展战略。坚持面向世界科技前沿、面向经济主战场、面向国家重大需求、面向人民生命健康，加快实现高水平科技自立自强。以国家战略需求为导向，集聚力量进行原创性引领性科技攻关，坚决打赢关键核心技术攻坚战。加快实施一批具有战略性全局性前瞻性的国家重大科技项目，增强自主创新能力。

21世纪以来新一轮科技革命和产业变革正在孕育兴起，工业化与信息化、智能化正深度融合，国内外纷纷明确了智能制造的发展目标，传统建筑业也将迎来深刻变革。

2021年4月19日，由土木、水利与建筑工程学部张喜刚院士牵头负责的2021年学部重点战略咨询与研究项目——"智能桥梁发展战略研究"启动会在北京召开。项目在"交通强国"战略及"基础设施高质量发展"的宏观背景下，科学定义"智能桥梁"的概念内涵，搭建"智能桥梁"技术体系；基于中国桥梁发展现状及国内外未来需求，提出亟待突破的关键核心技术，进而提出实现"智能桥梁"目标的科技计划、发展路径和政策措施，为我国桥梁产业升级提供战略支撑。

任务一　"元宇宙"概念地形空间整体结构建模

▌任务目标

1. 掌握"元宇宙"概念地形空间整体结构建模方法
2. 熟练使用 Maya 软件的主要工具和命令

▌任务描述

在了解桥梁模型、铁路模型结构的基础上，使用"倒角""布尔运算""特殊复制"等命令完成桥梁模型、铁路模型的整体结构制作。通过实例，学生可以进一步掌握 Maya 软件三维模型的基础制作方法。

任务导图

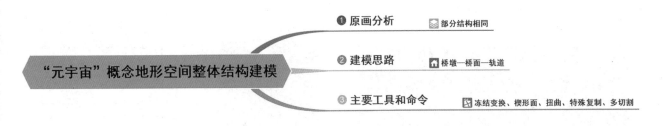

"元宇宙"概念地形空间整体结构建模

❶ 原画分析　　📑部分结构相同

❷ 建模思路　　🏠桥墩—桥面—轨道

❸ 主要工具和命令　　🔧冻结变换、楔形面、扭曲、特殊复制、多切割

实现过程

一、概念地形空间整体结构的原画分析

观察原画中的物体造型，发现桥梁模型的部分结构是相同的，因此可以通过复制来减少制作时间。例如，只需先制作一个桥墩模型，再进行复制。

概念地形空间整体结构可分成 3 部分：桥墩、桥面和轨道。本任务将按照上述 3 部分顺序、分步完成模型的制作，桥梁模型和铁轨模型效果如图 5-1-1 所示。

图 5-1-1　桥梁模型和铁轨模型效果

二、概念地形空间整体结构制作

（一）桥墩

（1）桥墩由桥墩主体、围栏和梯子等部分组成。创建立方体作为基本体，执行"缩放"命令将立方体沿 Y 轴、X 轴缩放，使其高度和厚度大致符合原画，制作出桥墩主体模型，如图 5-1-2 所示。

知识链接

桥梁一般由上部结构、下部结构、支座和附属构造物组成。上部结构又称桥跨结构，是跨越障碍的主要结构；下部结构包括桥台、桥墩和基础；支座为桥跨结构与桥墩或桥台的支承处所设置的传力装置；附属构造物是指桥头搭板、锥形护坡、护岸、导流工程等。

课外拓展

（2）选中"多切割"工具，按【Ctrl+鼠标中键】组合键为桥墩主体模型插入一条中线，按【Shift+Ctrl+鼠标左键】组合键为模型插入两条循环边，如图 5-1-3 所示。

学习笔记

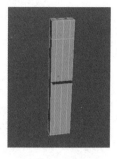

图 5-1-2　制作桥墩主体模型　　图 5-1-3　为桥墩主体模型
插入循环边

（3）选中桥墩主体模型中间的面，按【Ctrl+E】组合键执行"挤出"命令，调整挤出厚度为-2.7，如图 5-1-4 所示。

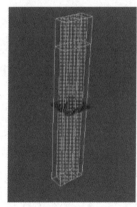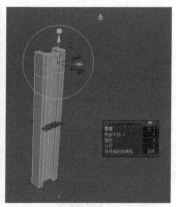

图 5-1-4　对桥墩主体模型中间的面挤出并调整

（4）使用"多切割"工具在模型中间插入两条循环边，选中桥墩主体模型中间的两个面，先按【Ctrl+E】组合键执行"挤出"命令，调整挤出厚度为 1.8；再次执行"挤出"命令，进行适当缩放后，第三次执行"挤出"命令，调整局部平移 Z 为 1，如图 5-1-5 所示。

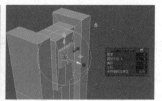

图 5-1-5　为桥墩主体模型插入边并挤出、调整

知识链接

多切割：使用"多切割"工具可以在模型上随意切割面；按【Ctrl】键可以切割环线；按【Shift】键可以切割中线；按【Ctrl+Shift】组合键可以切割垂线。

问题摘录

（5）选中桥墩主体模型的顶端左侧的两个顶点，使用"移动"工具将顶点向左移动，调整出斜面效果，如图 5-1-6 所示。

图 5-1-6　调整桥墩主体模型斜面效果

（6）选中桥墩主体模型的左侧面，按【Ctrl+E】组合键执行"挤出"命令，调整挤出厚度为 10；对左侧顶面执行同样的"挤出"命令，调整挤出厚度为 5；并通过"缩放"和"移动"工具适当调整形状，如图 5-1-7 所示。

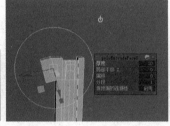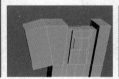

图 5-1-7　对桥墩模型的侧面挤出并调整

（7）选中桥墩主体模型的面，先按【Ctrl+E】组合键执行"挤出"命令，调整挤出偏移为 2.5；再次执行"挤出"命令，调整挤出厚度为-2，如图 5-1-8 所示。

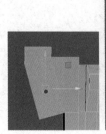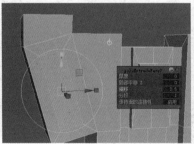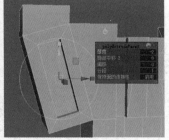

图 5-1-8　对桥墩主体模型的两侧面挤出并调整

（8）使用"多切割"工具在模型侧面插入三条循环边。选中桥墩主体模型的中间的两个面，按【Ctrl+E】组合键执行"挤出"命令，调整挤出厚度为-1.2，如图 5-1-9 所示。

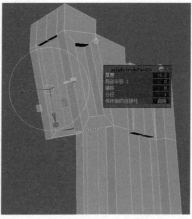

图 5-1-9　插入循环边并对桥墩主体模型中间的面挤出

（9）参考上述操作，执行"挤出"命令制作出桥墩主体模型的侧面凸起结构，如图 5-1-10 所示。

图 5-1-10　制作桥墩主体模型两侧中间的面挤出

（10）在正视图中选中桥墩主体模型的右侧面，按【Delete】键删除；在对象模式下选中桥墩主体模型的左侧部分，选中通道盒中的数值参数，执行"修改"→"冻结变换"命令，如图 5-1-11 所示。

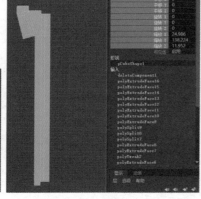

图 5-1-11　冻结变换桥墩主体模型

学习思考

在删除循环边时，是否可以直接按【Delete】键？

_____

_____

_____

看一看

在执行"冻结变换"命令之前，观察通道盒中的数值参数，分析执行"冻结变换"命令之后，通道盒中的数值有什么变化？

_____

_____

_____

（11）长按【D】键，配合鼠标左键，将模型的坐标轴移动至对称的中间位置；按【Ctrl+D】组合键对模型复制后，将缩放 X 修改为 −1，如图 5-1-12 所示。

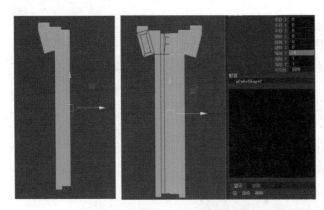

图 5-1-12　复制桥墩主体模型

（12）在对象模式下，选中左、右两个模型，执行"网格"→"结合"命令，将模型结合为一个整体得到新的桥墩主体模型。在顶点模式下，选择模型中间的顶点，执行"编辑网格"→"合并"命令，合并顶点，如图 5-1-13 所示。

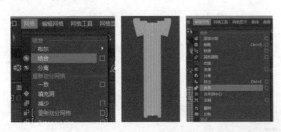

图 5-1-13　结合桥墩主体模型

（13）在桥墩主体模型的左视图中选中左侧的面，按【Delete】键删除；之后利用上述步骤（10）至步骤（12）的方法，将右侧桥墩主体模型复制到左侧并合并，完成桥墩主体模型的制作，如图 5-1-14 所示。

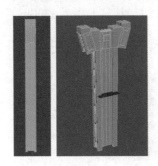

图 5-1-14　完成桥墩主体模型的制作

（14）完善桥墩主体模型。创建立方体作为基本体，调整深度细分数为 7，高度细分数为 2；选择如图 5-1-15 所示的面，按【Ctrl+E】组合键执行"挤出"命令，调整挤出厚度为-0.5，如图 5-1-15 所示。

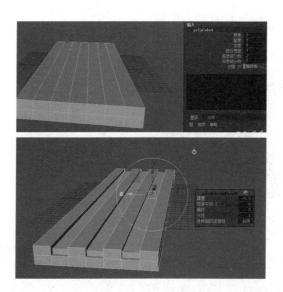

图 5-1-15　对立方体中间的 3 个面挤出并调整

（15）在对象模式下，按【Ctrl+D】组合键复制立方体，并旋转 30°，选中两个立方体，执行"网格"→"结合"命令；将结合后的模型放置在桥墩主体模型的前侧，按【Ctrl+D】组合键复制多次完成制作，如图 5-1-16 所示。

图 5-1-16　对立方体复制、结合并放置

（16）创建管道作为基本体，选中横向边按【Ctrl+B】组合键执行"倒角"命令，并将其放置桥墩上方，如图 5-1-17 所示。

图 5-1-17　对管道的边倒角并放置

（17）完成桥墩主体模型制作，效果如图 5-1-18 所示。

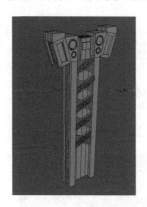

图 5-1-18　桥墩主体模型效果

（18）制作桥墩的围栏模型。创建立方体作为基本体，将其调整至合适大小；在新建大立方体的中间放置一个较厚的立方体。首先选中大立方体，长按【Shift】键的同时，使用鼠标选中中间的立方体，执行"网格"→"布尔"→"差集"命令，完成中间镂空效果的制作。选中所有的边，按【Ctrl+B】组合键执行"倒角"命令，如图 5-1-19 所示。

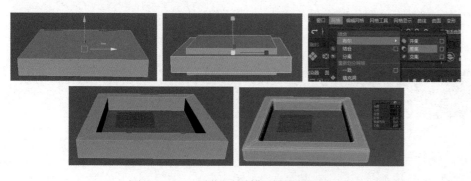

图 5-1-19　制作围栏模型的镂空效果

（19）创建两个圆柱体作为基本体，长圆柱体作为围栏，短圆柱体作为辅助圆柱体。将短圆柱体放置在长圆柱体顶面的侧方，使长圆柱体的顶面与短圆柱体的中间边对齐。选中长圆柱体的顶面，将鼠标指针移动到短圆柱体上并按鼠标右键，在弹出的快捷菜单中选择"多重"命令，长按【Shift】键，同时选中短圆柱体中间的边。最后，按【Shift+鼠标右键】组合键执行"楔形面"命令，调整楔形角度为-90°，制作出围栏模型的拐角效果，如图 5-1-20 所示。

（20）删除短圆柱体，选择长圆柱体顶面后，执行"挤出"命令。重复上述操作，制作出另外三个拐角的效果，一层围栏模型效果如

图 5-1-21 所示。

学习思考
另外三个拐角是
否可以通过复制的
方法快速制作？
_____
_____
_____

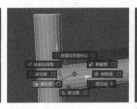

图 5-1-20　制作围栏模型的拐角效果

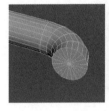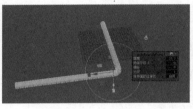

图 5-1-21　一层围栏模型效果

（21）复制两次一层围栏模型，移动 Y 轴，制作出三层围栏模型；在围栏模型的拐角处创建一个圆柱体；按【Ctrl+D】组合键复制此圆柱体，并将其右移适当距离，再按【Shift+D】组合键复制并变换，完成一面围栏栏杆模型的制作。使用同样的方法制作其他三面围栏栏杆模型，如图 5-1-22 所示。

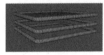

图 5-1-22　制作围栏栏杆模型

（22）将围栏模型放置在桥墩模型上方，如图 5-1-23 所示。

学习笔记
_____
_____
_____
_____
_____

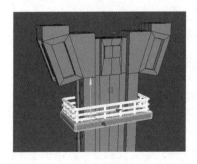

图 5-1-23　放置围栏模型的位置

（23）制作梯子模型。创建两个立方体作为基本体，调整长度和大小；创建一个圆柱体放置在这两个立方体之间，制作出梯子模型，并将其放置在桥墩模型的合适位置上，如图 5-1-24 所示。

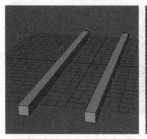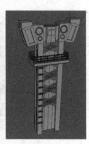

图 5-1-24　制作、调整和放置梯子模型

（二）桥面

（1）桥面由主体、围栏、路灯三部分组成。首先制作桥面主体模型。创建立方体作为基本体，执行"缩放"命令将立方体缩放，使高度和厚度大致符合原画中桥面主体的厚度和宽度，制作出桥面主体模型。使用"多切割"工具，按【Ctrl+鼠标中键】组合键为桥面主体模型插入一条中线，按【Shift+Ctrl+鼠标左键】组合键为模型插入两条循环边，如图 5-1-25 所示。

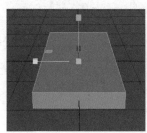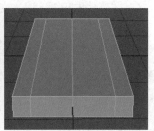

图 5-1-25　制作并调整桥面主体模型

（2）选中桥面主体模型两侧的面，按【Ctrl+E】组合键执行"挤出"命令，调整挤出厚度为 0.2，如图 5-1-26 所示。

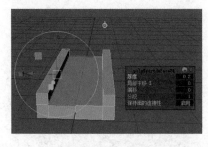

图 5-1-26　对桥面主体模型的侧面挤出

（4）创建立方体作为基本体，并将其放置在桥面主体模型的底侧位置；选中桥面主体模型后，长按【Shift】键再同时选中立方体，执行"网格"→"布尔"→"差集"命令来制作凹陷效果，如图 5-1-27 所示。

学习笔记

_____

_____

_____

_____

归纳总结

_____

_____

_____

_____

_____

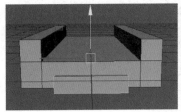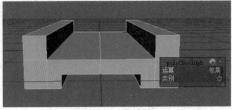

图 5-1-27　制作凹陷效果

（5）选择桥面主体模型的底面，按【Ctrl+E】组合键执行"挤出"命令，调整挤出厚度为 0.2，如图 5-1-28 所示。

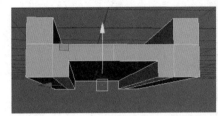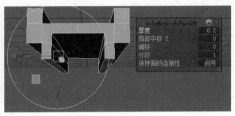

图 5-1-28　对桥面主体模型的底面挤出并调整

（6）选中桥面主体模型的顶点，适当调节模型的形状，如图 5-1-29 所示。

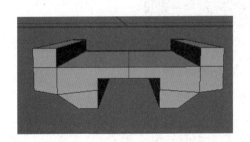

图 5-1-29　调节桥面主体模型形状

（7）在桥面主体模型的左、右两侧分别创建两个立方体作为基本体；同时选中四个立方体，执行"网格"→"结合"命令；选中桥面主体模型后，长按【Shift】键并同时选中四个立方体，执行"网格"→"布尔"→"差集"命令，如图 5-1-30 所示。

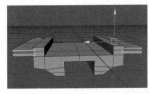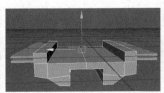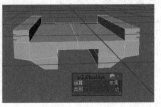

图 5-1-30　对桥面主体模型执行"差集"命令

（8）在如图 5-1-31 所示位置分别创建两个圆柱体作为基本体，并同时选中桥面主体模型和两个圆柱体，执行"结合"命令将它们结合在一起。

（9）复制制作的桥面主体模型两次，作为备份；之后选中模型的顶点并将其拉长，如图 5-1-32 所示。

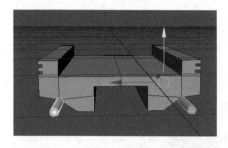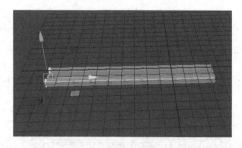

图 5-1-31　圆柱体与桥面主体模型结合　　图 5-1-32　调整桥面主体模型长度

（10）执行"网格工具"→"插入循环边"命令，在弹出的"工具设置"对话框中选中"保持位置"属性中的"多个循环边"单选按钮，调整循环边数为 10；使用"插入循环边"工具在桥面主体模型上插入十条循环边，如图 5-1-33 所示。

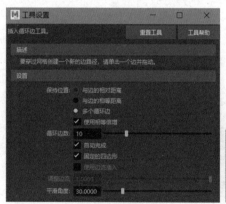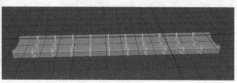

图 5-1-33　对桥面主体模型插入循环边

（11）使用"移动"工具选中桥面主体模型，执行"变形"→"非线性"→"扭曲"命令，显示出一条绿色的线后，单击选中此条线，在通道盒中调整旋转 Y 为-90，旋转 Z 为 90，曲率为 45；按【Alt+Shift+D】组合键清除历史后，完成桥面主体模型的弯曲效果制作，如图 5-1-34 所示。

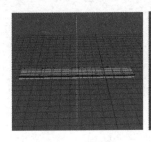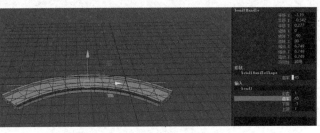

图 5-1-34　制作桥面主体模型的弯曲效果

（12）首先将步骤（9）中两个备份桥面主体模型分别放置在弯曲的桥面主体模型的两端，同时选中这三个桥面主体模型，执行"网格"→"结合"命令将桥面主体模型结合为一个整体。然后在接口处选中顶点，执行"编辑网格"→"合并"命令，合并顶点，如图 5-1-35 所示。

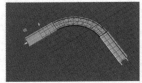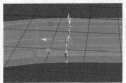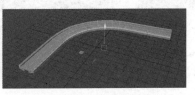

图 5-1-35　三个桥面主体模型结合为完整的桥面主体模型

（13）创建圆柱体作为基本体，执行"弯曲"命令调整好形状后分别放置在桥面主体模型顶面和底面，效果如图 5-1-36 所示。

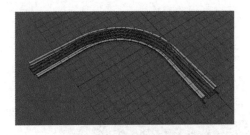

图 5-1-36　桥面主体模型效果

（三）轨道

（1）轨道可分为轨道面和铁轨两部分。轨道面模型的形状可以通过调节立方体顶点来实现。创建立方体作为基本体，执行"缩放"命令将立方体调整至合适大小，制作出轨道面模型。使用"多切割"工具插入五条循环边，如图 5-1-37 所示。

（2）选中轨道面模型顶面的左侧面，按【Ctrl+E】组合键执行"挤出"命令，调整挤出厚度为 5。选中轨道面模型中间两个小面，按【Ctrl+E】组合键执行"挤出"命令，调整挤出厚度为 2，如图 5-1-38 所示。

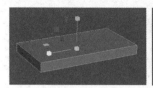

图 5-1-37　制作轨道面模型并插入边

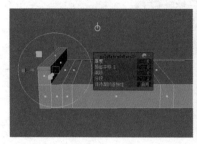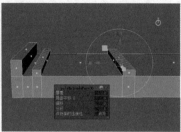

图 5-1-38　对轨道面模型的面挤出并调整

（3）选中轨道面模型的底面左侧的边，按【Ctrl+B】组合键执行"倒角"命令，调整倒角分数为 0.9，分段为 6，深度为-1。选中轨道面模型右侧的面，按【Delete】键删除，如图 5-1-39 所示。

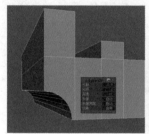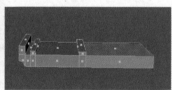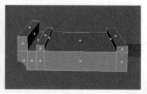

图 5-1-39　对模型倒角并删除部分

（4）选中轨道面模型，执行"修改"→"冻结变换"命令，长按【D】键，配合鼠标左键将坐标轴移动至模型右侧边缘位置；按【Ctrl+D】组合键复制模型，将缩放 X 调整为-1，如图 5-1-40 所示。

归纳总结

_____

_____

_____

_____

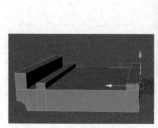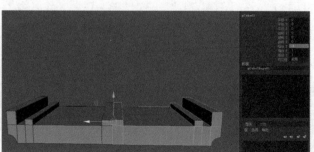

图 5-1-40　冻结变换

（5）选中两个轨道面模型，执行"网格"→"结合"命令将模型结合在一起；选中中间的顶点，执行"编辑网格"→"合并"命令将顶点合并在一起，如图 5-1-41 所示。

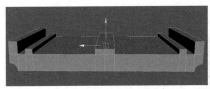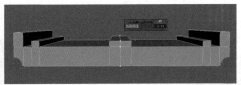

图 5-1-41　结合模型并合并顶点

（6）选中轨道面模型的顶点，调整轨道面模型的长度，如图 5-1-42 所示。

图 5-1-42　调整轨道面模型的长度

（7）创建立方体作为基本体，选中顶面左、右两条边，按【Ctrl+B】组合键执行"倒角"命令，调整倒角分数为 0.8，分段为 3，制作出铁轨模型。选中底面顶点并向下移动，适当调整高度，如图 5-1-43 所示。

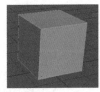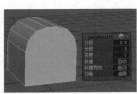

图 5-1-43　对铁轨模型倒角并调整

（8）使用"多切割"工具，单击鼠标左键在铁轨模型上插入三条循环边，选中中间边上的顶点，按【B】键打开软选择模式，并长按【B】键配合鼠标左键拖动调整软选择范围；使用"缩放"工具，沿 X 轴进行缩放，如图 5-1-44 所示。

图 5-1-44　软选择模式下调整形状

（9）再次按【B】键关闭软选择模式。选中铁轨模型的底面，按【Ctrl+E】组合键执行"挤出"命令，调整挤出厚度为 0.5；选中模型底部的左、右两个侧面，按【Ctrl+E】组合键执行"挤出"命令，调整挤出厚度为 0.8，如图 5-1-45 所示。

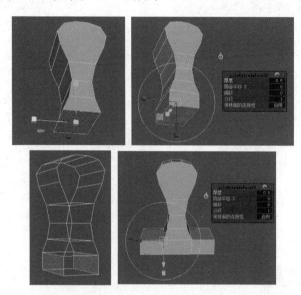

图 5-1-45　对底面及两侧面挤出并调整

（10）选中铁轨模型的一端顶点，使用"移动"工具将其向一侧移动，调整铁轨模型长度。将铁轨模型放置在轨道面模型底面的上方，按【Ctrl+D】组合键复制三个铁轨模型，并将其分别放置在轨道面模型的合适位置，如图 5-1-46 所示。

学习笔记

图 5-1-46　适当调整铁轨模型长度并放置

（11）创建立方体作为基本体，执行"缩放"命令调整模型的大小和厚度，并将其放置在轨道模型下方；按【Ctrl+D】组合键将调整好的模型复制后，使用"移动"工具将其在轨道面模型上移动适当距离，通过多次按【Shift+D】组合键完成多个铁轨模型的复制并变换，使其铺满整个轨道模型。选中第一条轨道面模型上的铁轨模型，按【Ctrl+D】组合键复制后移动到第二条轨道面模型上。完成轨道模型的制作，如图 5-1-47 所示。

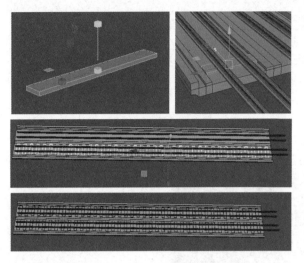

图 5-1-47　完成轨道模型的制作

任务二　"元宇宙"概念地形空间外观细节建模

任务目标

1. 掌握"元宇宙"概念地形空间外观细节建模方法
2. 熟练使用 Maya 软件的主要工具和命令

任务描述

在了解概念地形空间外观整体结构的基础上，使用"楔形面""晶格""特殊复制""打组"等工具和命令完成外观细节的制作。

任务导图

实现过程

一、概念地形空间外观细节原画分析

　　观察原画中的模型外观细节，可以发现模型整体制作难度小，通过基本的建模工具和命令即可完成。

　　概念地形空间外观细节可分为五部分：桥梁围栏、桥梁路灯、铁路信号灯、铁路制动系统及铁路围栏。本任务将按照上述五部分顺序、分步地完成模型的制作，概念地形空间的外观细节模型效果如图 5-2-1 所示。

图 5-2-1　概念地形空间的外观细节模型效果

二、概念地形空间外观之桥梁模型的细节制作

（一）桥梁围栏

（1）创建立方体作为基本体，选择"多切割"工具，长按【Ctrl】键，配合鼠标左键为立方体插入两条循环边，通过调整顶点来调整立方体形状，制作出桥梁围栏模型的基本轮廓，如图 5-2-2 所示。

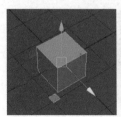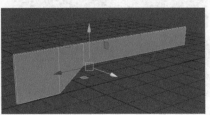

图 5-2-2　制作并调整桥梁围栏模型

（2）创建立方体作为基本体，分别选中立方体的两条边，按【Ctrl+B】组合键执行"倒角"命令，调整倒角分数分别为0.4和1，制作出梯形立方体，如图5-2-3所示。

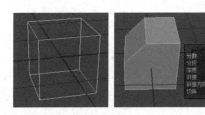

图5-2-3　对立方体倒角并调整

（3）复制步骤（2）中的梯形立方体作为备用。将梯形立方体放置在桥梁围栏模型的合适位置，首先选中步骤（1）制作的模型，按【Shift+鼠标左键】组合键同时选中梯形立方体，执行"网格"→"布尔"→"差集"命令制作出镂空效果；桥梁围栏模型的其他区域采用同样的方法制作出镂空效果，如图5-2-4所示。

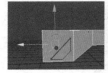

图5-2-4　制作桥梁围栏模型的镂空效果

（4）长按【D】键，配合鼠标左键将坐标轴移动至桥梁围栏模型的最左侧；按【Ctrl+D】组合键复制模型，调整缩放Z为-1；同时选中这两个模型，执行"网格"→"结合"命令，将模型结合为一个整体。选中中间顶点，执行"编辑网格"→"合并"命令合并顶点，完成桥梁围栏模型的整体制作，如图5-2-5所示。

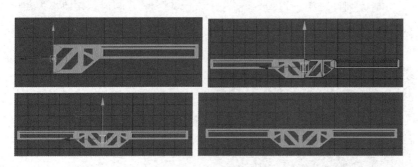

图5-2-5　完成桥梁围栏模型的整体制作

（二）桥梁路灯

（1）路灯包括灯杆和灯两部分。创建两个圆柱体作为基本体，并分别调整圆柱体的粗细。将细圆柱体作为路灯的灯杆模型，将粗圆柱体作为辅助圆柱体。选中灯杆模型的顶面，在辅助圆柱体处按鼠标右键，在弹出的快捷菜单中选择"多重"命令；长按【Shift】键的同时选中辅助圆柱体的两条边，再次长按【Shift】键执行"楔形面"命令，调整楔形角度为 90，分段为 6。删除辅助圆柱体，完成灯杆模型的制作，如图 5-2-6 所示。

学习思考

还有其他方法制作灯杆模型吗？

_____

_____

_____

_____

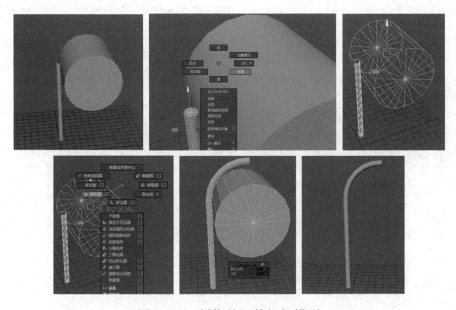

图 5-2-6　制作并调整灯杆模型

（2）创建立方体作为基本体，同时选中所有边执行"倒角"命令，调整倒角分数为 0.7，分段为 2，制作出灯模型。适当缩放立方体后，对整个立方体进行复制，将复制得到的立方体缩小后放置在原立方体的下方，完成灯模型的制作，如图 5-2-7 所示。

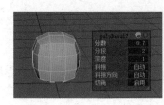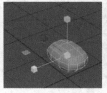

图 5-2-7　制作灯模型

（3）将灯模型放置在灯杆模型上方，完成路灯模型制作，效果如图 5-2-8 所示。

图 5-2-8　路灯模型效果

（三）桥梁模型整合

（1）选中之前制作的桥面模型，执行"缩放"命令将桥面模型放大至合适大小，如图 5-2-9 所示。

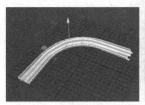 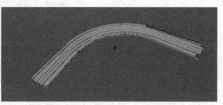

图 5-2-9　缩放桥面模型并调整大小

（2）先选中之前制作的桥墩模型，执行"网格"→"结合"命令，并执行"缩放"命令将其放大至合适大小；再将桥墩模型放置在桥面模型的下方，按【Ctrl+D】组合键完成多个桥墩模型的制作，如图 5-2-10 所示。

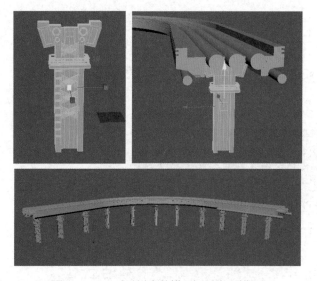

图 5-2-10　合并桥墩模型和桥面模型

（3）多次复制桥梁围栏模型和桥梁路灯模型，放置到桥面模型的上方两侧，完成桥梁模型制作，效果如图 5-2-11 所示。

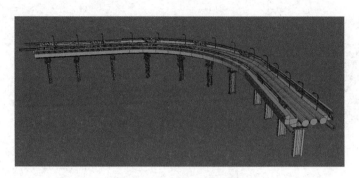

图 5-2-11　桥梁模型效果

三、概念地形空间外观之铁路模型的细节制作

（一）铁路信号灯

（1）信号灯包括信号灯灯箱、灯和灯筒。创建立方体作为基本体，选中所有的边，按【Ctrl+B】组合键执行"倒角"命令，调整倒角分数为 0.3，分段为 2，制作出信号灯灯箱模型，如图 5-2-12 所示。

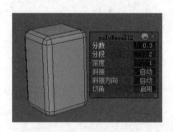

图 5-2-12　制作并调整信号灯灯箱模型

（2）创建立方体作为基本体，选中底面和顶面左、右两条边，按【Ctrl+B】组合键执行"倒角"命令，调整倒角分数为 0.8，分段为 3，制作出灯模型。将灯模型放置在步骤（1）制作的信号灯灯箱模型的上方，如图 5-2-13 所示。

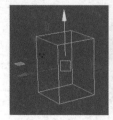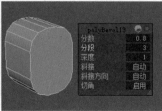

图 5-2-13　制作并放置灯模型

（3）创建管道作为基本体，调整厚度为 0.05；将其旋转 90°，使其呈平放状态，制作出灯筒模型，如图 5-2-14 所示。

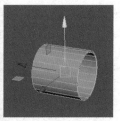

图 5-2-14　制作并调整灯筒模型

（4）选中灯筒模型，勾选"变形"→"晶格"复选框，并单击鼠标右键，在弹出的快捷菜单中选择"晶格"命令，选中灯筒模型右下方的晶格点并向左侧移动，调整其形状，如图 5-2-15 所示。

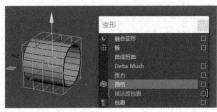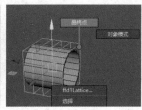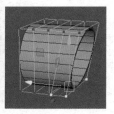

图 5-2-15　调整灯筒模型形状

（5）选中灯筒模型，按【Shift+Alt+D】组合键执行"清除历史"命令，复制该模型，将其放置到灯模型上，完成信号灯模型的制作。将信号灯模型放置在轨道模型的入口处，如图 5-2-16 所示。

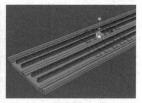

图 5-2-16　完成信号灯模型的制作

（二）铁路制动系统

（1）创建立方体作为基本体，使用"多切割"工具为立方体插入六条循环边，选中生成的小面，按【Ctrl+E】组合键执行"挤出"命令，调整挤出厚度为-0.1，如图 5-2-17 所示。

归纳总结

问题摘录

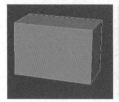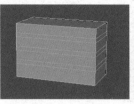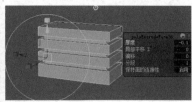

图 5-2-17　对立方体的小面挤出并调整

（2）选中立方体的顶面，按【Ctrl+E】组合键执行"挤出"命令，调整挤出厚度为 0.3，并向右侧旋转；再次按【Ctrl+E】组合键执行"挤出"命令，调整挤出厚度为 0.3，并再次向右侧旋转。复制模型，使其呈对称状态放置，如图 5-2-18 所示。

归纳总结

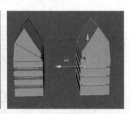

图 5-2-18　对立方体的顶面挤出并调整、复制

（3）创建立方体作为基本体，放在步骤（2）制作的两个立方体中间；创建圆柱体为基本体，放置在立方体靠右侧的中间位置；执行"楔形面"命令制作圆柱体左右两端的弯曲效果，制作出铁路制动系统模型的细节，如图 5-2-19 所示。

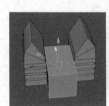

图 5-2-19　制作铁路制动系统模型的细节

（4）复制步骤（3）中制作的模型三次，放置在适当的位置上，完成铁路制动系统模型的制作。调整铁路制动系统模型的大小和长度，将该模型放置在轨道模型的入口处，如图 5-2-20 所示。

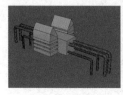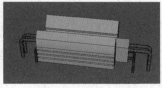

图 5-2-20　放置铁路制动系统模型

（三）铁路围栏

（1）创建圆柱体作为基本体，调整半径为 1.5；调整圆柱体长度后按【Ctrl+D】组合键执行"复制"命令，并将其放置在轨道模型一侧的上方，制作出部分铁路围栏模型，如图 5-2-21 所示。

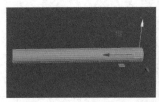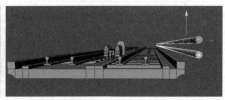

图 5-2-21　制作部分铁路围栏模型

（2）创建圆柱体作为基本体，放置在轨道模型的一端；按【Ctrl+D】组合键复制并放置一个圆柱体，移动适当距离后，多次按【Shift+D】组合键复制并变换，放置多个圆柱体，完成一侧铁路围栏模型的制作，如图 5-2-22 所示。

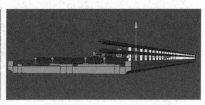

图 5-2-22　制作一侧铁路围栏模型

（3）选中一侧铁路围栏模型，按【Ctrl+D】组合键复制，并将复制得到的铁路围栏模型放置在轨道模型的另一侧，完成轨道两侧铁路围栏模型的制作，如图 5-2-23 所示。

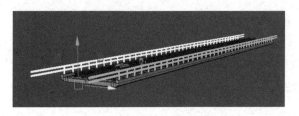

图 5-2-23　制作铁路围栏模型

（4）复制铁路制动系统模型中的弯曲管道，并创建圆柱体，放置在适当的位置上；按【Ctrl+G】组合键对其打组后，按【Ctrl+D】组合键复制多次，完成铁路中间围栏模型的制作，如图 5-2-24 所示。

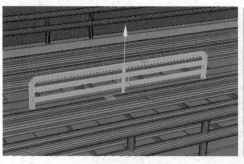 

图 5-2-24　制作铁路中间围栏模型

（5）将整个模型适当调整大小，完成铁路模型的整体制作，效果如图 5-2-25 所示。

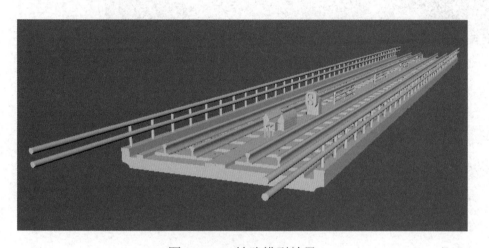

图 5-2-25　铁路模型效果

任务小结

通过概念地形空间的建模，我学会了_____工具的使用方法，学会了运用_____工具和命令。

实战演练

在 Maya 软件中，可以使用多种命令的不同组合创建出令人满意的模型。在本实战演练中，我们利用上述任务中所学到的知识，一起来制作如图 5-3-1 所示的桥梁模型。在制作桥梁的过程中，同学们可以发挥自己的创造力，制作出有个性的、与众不同的桥梁模型，可以对模型适当添加细节进行创作。

图 5-3-1　桥梁模型

制作要求：

（1）能制作出桥梁形状。

（2）能合理使用多边形建模工具与命令。

（3）能使用相关工具对模型进行重新布线。

（4）能对多个模型在三维空间进行排布。

制作提示：

（1）使用立方体及圆柱体制作桥梁主体模型，通过执行"挤出""倒角""缩放"命令修改形状，使其符合原画造型。

（2）使用合适的基本体制作单独部件模型，并进行结合。

（3）模型效果图作为参考，同学们可以对桥梁模型的各部件进行适当修改，创造出属于自己的个性化桥梁模型，但最后的成果要形象。

项目评价

完成本任务的学习后，请同学们在相应评价项打"√"，完成自我评价，并通过评价肯定自己的成功，弥补自己的不足。

项目实训评价表					
项目	内容		评定等级		
	学习目标	评价目标	幼鸟	雏鹰	雄鹰
职业能力	能熟练使用多边形建模工具	能使用"挤出""倒角""楔形面"等命令完成模型形状的制作			
		能使用"多切割""插入循环边"等命令重新构建模型拓扑结构			
		能使用"晶格""弯曲"命令完成模型的变形与调整			
通用能力	分析问题的能力				
	解决问题的能力				
	自我提高的能力				
	自我创新的能力				
综合评价					

评定等级说明表	
等级	说明
幼鸟	能在指导下完成学习目标的全部内容
雏鹰	能独立完成学习目标的全部内容
雄鹰	能高质量、高效地完成学习目标的全部内容，并能解决遇到的特殊问题

最终等级说明表	
等级	说明
不合格	不能达到幼鸟水平
合格	可以达到幼鸟水平
良好	可以达到雏鹰水平
优秀	可以达到雄鹰水平

6

项目六

虚拟现实场景之环境构建与渲染

认识C4D中的Octane渲染器

Octane渲染器在项目中的运用

项目描述

本项目通过多个与实际生活或工作相关的真实、可操作案例，使学生循序渐进、由浅入深地学习虚拟现实场景之环境构建与渲染。通过本项目的学习，学生可以了解并掌握 C4D 软件基本工具的使用方法，熟悉虚拟现实渲染制作的相关流程，掌握基础物体的渲染方法，能够使用"HDR 环境光""Octane 光泽材质球""Octane 漫射材质球"等工具与命令完成模型场景的渲染。

最终的"元宇宙"场景搭建线框图和渲染效果如图 6-0-1、图 6-0-2 所示。

图 6-0-1　"元宇宙"场景搭建线框图

图 6-0-2　"元宇宙"场景渲染效果

任务要点

● 认识基础渲染设置和灯光材质
● "元宇宙"建筑的整合搭建与灯光材质的渲染输出

项目分析

在本项目的学习中，学生通过完整的场景模型整合的实际案例，掌握基础渲染的设置参数等命令；通过"元宇宙"场景模型渲染，熟练掌握 Octane 灯光、Octane 材质、设置输出等命令。在实际场景运用中可使用不同的软件搭配，本项目以三维软件 C4D 为例。

本项目主要需要完成以下两个环节。

（1）认识 Octane 的基础灯光、材质与输出。

（2）配合实际"元宇宙"场景模型使用材质球与灯光，渲染完整的图片。

知识加油站

"元宇宙"本质上是对现实世界的虚拟化、数字化的过程，需要对内容生产、经济系统、用户体验及实体世界内容等进行大量改造。但"元宇宙"的发展是循序渐进的，是在共享的基础设施、标准及协议的支持下由众多工具和平台不断地融合、进化，最终形成的。

"元宇宙"基于扩展现实技术提供沉浸式体验，基于数字孪生技术生成现实世界的镜像，基于区块链技术搭建经济体系，在经济系统、社交系统和身份系统上，将虚拟世界与现实世界密切融合，并且允许每个用户进行对内容的生产，以及对虚拟世界的编辑。

作为一种多项数字技术的综合集成应用，"元宇宙"场景从概念到真正落地需要实现两个技术上的突破：第一是实现扩展现实、数字孪生、区块链、人工智能等单项技术的突破，从不同维度实现立体视觉、深度沉浸、虚拟分身等"元宇宙"应用的基础功能；第二是实现多项数字技术的综合应用突破，通过多技术的叠加兼容、交互融合，合力推动"元宇宙"稳定、有序发展。

任务一　认识 C4D 中的 Octane 渲染器

任务目标

1. 掌握 Octane 渲染器的基础原理
2. 熟练使用 Octane 渲染器的灯光命令
3. 熟练使用 Octane 渲染器的材质球
4. 熟练使用 Octane 渲染器的摄像机
5. 熟练使用 Octane 渲染器的渲染设置

任务描述

通过对单一命令的学习和了解，初步认识 Octane 渲染器的基础知识，熟练掌握虚拟场景中的灯光设置、环境构建、材质纹理贴图的技术，并且能够实际运用到实际案例中。

任务导图

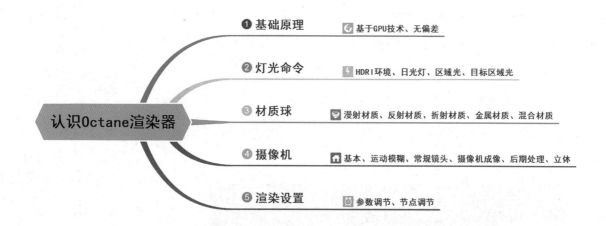

实现过程

一、Octane 渲染器的基础原理

Octane Render（简称 Octane 渲染器）是一款基于图形处理器（Graphics Processing Unit，GPU）技术的无偏差渲染器。在整个渲染器市场中，它的出图质量与渲染速度都十分出色，相比传统的基于中央处理器（Central Processing Unit，CPU）技术的渲染器，它的出图速度要快 10～50 倍。Octane 渲染器的节点编辑器没有过于复杂的参数，操作界面简约，功能强大，因此其学习成本比较低，用户容易上手。

需要注意的是，以前 Windows 系统上的 Octane 渲染器只支持 Nvidia 显卡（N 卡），不支持 AMD 显卡（A 卡）。但是在 2020 年，支持 macOS 系统的 Octane X 版本得以发布。同时 N 卡的性能越强，Octane 渲染器的渲染速度越快。

二、Octane 渲染器的灯光命令

Octane 渲染器照亮场景的方式包含"Octane HDRI 环境""Octane 日光""Octane 区域光""Octane 目标区域光""物体自发光"等。

（一）Octane HDRI 环境

执行 "Octane HDRI 环境" → "纹理" 命令，可以置入任意高动态范围成像（High Dynamic Range Imaging，HDRI）预设，有效地照亮场景。Octane HDRI 环境的参数包含 "纹理" "功率" "旋转 X" "旋转 Y" 等。调整功率的数值可以控制 HDRI 预设的亮度。功率的数值越大，HDRI 预设越亮；功率的数值越小，HDRI 预设越暗。调整旋转 X 和旋转 Y 的数值可以控制 HDRI 预设的角度，"Octane 环境标签" 窗口，如图 6-1-1 所示。

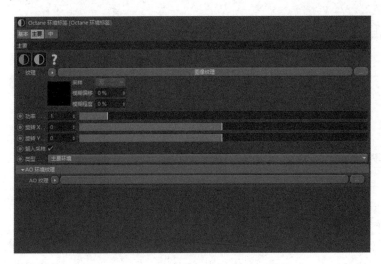

图 6-1-1　"Octane 环境标签" 窗口

（二）Octane 日光

C4D 和 Octane 渲染器的物理天空自带早、中、晚温差效果，这就自动形成了正确的色温变化。Octane 日光可以模拟太阳的光照效果。Octane 渲染器中的日光系统与 HDRI 环境配合可以渲染出非常好的效果，如图 6-1-2 所示。

图 6-1-2　日光系统配合 HDRI 环境

知识链接

使用不同的渲染器，必须使用属于这个渲染器的灯光。例如，使用 Octane 渲染器，必须使用 Octane 渲染器的灯光，在最后的渲染中才可以得到正确的光源信息。

问题摘录

＿＿＿＿＿＿＿

＿＿＿＿＿＿＿

＿＿＿＿＿＿＿

＿＿＿＿＿＿＿

＿＿＿＿＿＿＿

学习笔记

＿＿＿＿＿＿＿

＿＿＿＿＿＿＿

＿＿＿＿＿＿＿

＿＿＿＿＿＿＿

＿＿＿＿＿＿＿

Octane 日光的创建方法：在菜单栏中选择"Octane"→"实时预览窗口"→"对象"→"Octane 日光"命令。当日光被创建后，会在对象后面新增日光标签和日光表达式标签，"Octane 日光标签"窗口，如图 6-1-3 所示。

知识链接

Octane 渲染器的日光可以配合 Octane HDRI 环境一起使用，将 Octane HDRI 环境中的类型修改为可见环境即可。

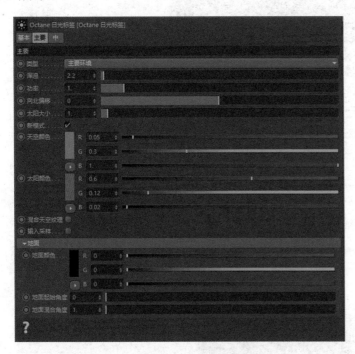

图 6-1-3 "Octane 日光标签"窗口

问题摘录

● 类型：是否影响模型对象，包含"主要环境"与"环境可见"的设置。

● 浑浊：该参数值越低，则越接近晴天效果；参数值越高，则越接近阴天效果。

● 功率：用于设置日光的强烈程度，影响图像的整体对比度和曝光水平。

学习笔记

● 向北偏移：用于设置日光旋转角度。

● 天空颜色：用来设置天空的颜色。

● 太阳颜色：用来设置太阳的颜色。

● 混合天空纹理：勾选"混合天空纹理"复选框可以同时使用"Octane 日光"和"Octane HDRI 环境"。

（三）Octane 区域光

Octane 区域光的光源是一个矩形平面，光从这个矩形平面区域发射出来，矩形平面的大小将直接影响光照的范围和强度，自带衰减效果。Octane 区域光主要是局部照明，多用于小场景和室内，如图 6-1-4 所示。

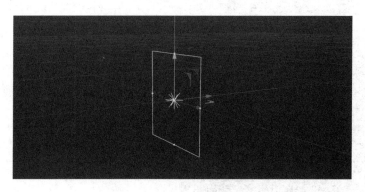

图 6-1-4　Octane 区域光

Octane 区域光可以为场景提供光源，Octane 灯光的参数可以在"Octane 灯光标签"窗口中调节，单击灯光对象后面的 Octane 灯光标签按钮，如图 6-1-5 所示。

图 6-1-5　"Octane 灯光标签"窗口

- 功率：用来设置区域光的亮度。参数值越大，区域光越亮；参数值越小，区域光越暗。

- 温度：该参数可以用来设置区域光的色温。

- 纹理：用来置入任意纹理或 RGB 颜色，从而设置区域光的颜色。

- 表面亮度：勾选该复选框后光源的大小、远近会改变亮度。

- 双面：勾选该复选框可以使用灯光双面照明。

- 标准化：勾选该复选框后色温不会改变灯光强度。
- 采样率：参数值增大可以减少噪点。
- 透明度：设置该参数可以增加灯光的透明度，但照明效果不变。
- 灯光通道 ID：在设置分层时使用，输入图层对应的数字即可。

（四）Octane 目标区域光

Octane 目标区域光可以使灯光的朝向始终是目标对象，是一种特殊的区域光。

Octane 目标区域光只能围绕着目标物体进行位移，可以通过调整 X 轴、Y 轴、Z 轴的位置来调整 Octane 目标区域光的位置。无论怎样改变 Octane 目标区域光的位置，它的聚焦点都在目标物体上。"Octane 目标区域光"窗口中的属性参数和区域光的一样，只是多了目标标签，如图 6-1-6、图 6-1-7 和图 6-1-8 所示。

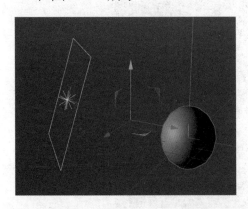

图 6-1-6　Octane 目标区域光

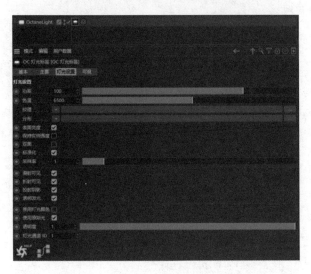

图 6-1-7　"Octane 目标区域光"窗口

图 6-1-8　Octane 目标标签

（五）物体自发光

物体自发光是一种特殊的发光方式，发光体照明也被称为自发光照明，即物体本身被设置成了发光材质，使其能在场景中充当光源，通过 Octane 渲染器中的光能传递技术实现对周围照明的效果，如图 6-1-9 所示。

图 6-1-9　物体自发光

三、Octane 渲染器的材质球

Octane 渲染器的基础材质可以分为五种，分别为"漫射材质""反射材质（光泽度材质）""折射材质（镜面材质）""金属材质""混合材质"。

（一）漫射材质

颜色通道与漫射通道非常容易混淆。

颜色通道：用于控制材质球的颜色值，影响明暗与颜色。

漫射通道：影响明暗，不影响颜色。漫射材质基本上是光照射到物体上发生反射，不允许光穿透物体。很多物体的表面粗糙，但看起来似乎很平滑，仔细地观察就会发现其表面是凹凸不平的，所以漫射用于模拟现实生活中的漫射现象，对应的通常是木材、石头、塑料等表面很粗糙、有颗粒感的物体。

● 漫射：可以用来修改颜色或纹理。在颜色选区双击颜色拾取器按钮，在弹出的"颜色拾取器"对话框中可以将材质修改为任意颜色，如图 6-1-10 所示。在纹理选区可以将材质设置为任意纹理。在混合选区可以为材质修改颜色和纹理所占的比例，如图 6-1-11 所示。

图 6-1-10　"颜色拾取器"对话框

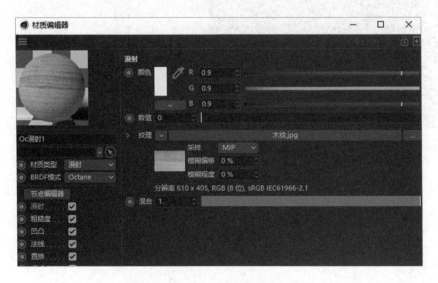

图 6-1-11　纹理选区和混合选区

知识链接

HSV 即色调（Hue）、饱和度（Saturation）、亮度（Value）的英文简写。色调（H）使用角度度量，取值范围为 0°～360°，从红色开始按逆时针方向的角度计算，红色为 0°，绿色为 120°，蓝色为 240°。它们的补色分别是：黄色为 60°，青色为 180°，品红色为 300°。饱和度（S）用于表示颜色接近光谱色的程度。

● 粗糙度：修改"数值"属性的参数值或设置任意粗糙度纹理（如黑白信息纹理），可以为材质设置粗糙度。设置的"数值"属性的参数值越大，粗糙度越大。"数值"属性的参数值越小，粗糙度越小，如图 6-1-12 所示。

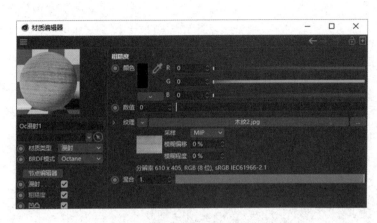

图 6-1-12　粗糙度通道

● 凹凸：通过设置凹凸纹理（如黑白信息纹理），可以为物体表面增加阴影细节，黑白的对比强度越高，凹凸的程度就会越大；黑白的对比强度越低，凹凸的程度就会越小；对比强度的数值为 0，则不会有凹凸效果，如图 6-1-13 所示。

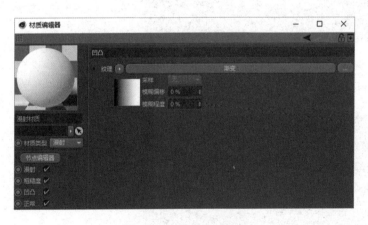

图 6-1-13　凹凸通道

● 法线：在法线通道中设置法线纹理，可以为材质增加凹凸效果。设置法线通道与设置凹凸通道类似，区别于设置凹凸通道所产生的凹凸效果功能，法线通道的贴图功能更强大，产生的凹凸效果可以随着光线的偏移而发生变化，它可以将材质的表面处理得更加光滑。

贴图功能的图片看上去是紫色的，但实际是由 RGB 值决定的。

　　需要注意的是法线贴图的正确添加方式是，先设置纹理，再单击贴图功能的图片按钮进入法线通道并添加法线贴图，法线通道如图 6-1-14 所示。

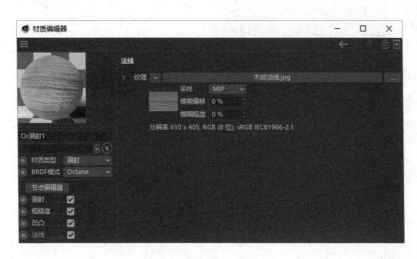

图 6-1-14　法线通道

　　● 置换：在"节点编辑器"区域中勾选"纹理置换"复选框，即可为材质添加置换节点。置换通道与凹凸通道、法线通道相比，最大的区别是通过设置置换通道可以使物体产生实际的形变效果，而不是模拟光线得到的效果。其中黑白的对比强度越高，形变效果越强烈，如图 6-1-15 所示。

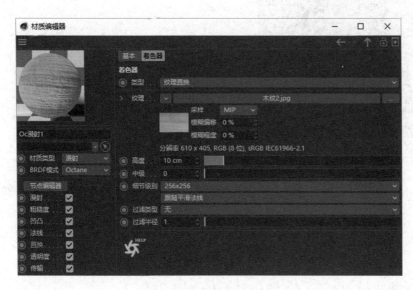

图 6-1-15　置换通道

● 透明度：在透明度通道中设置任意带有黑白信息的纹理，即黑色通道信息用于设置材质的透明效果，白色通道信息用于设置材质的不透明效果，从而模拟材质局部透明的效果，如图 6-1-16 所示。

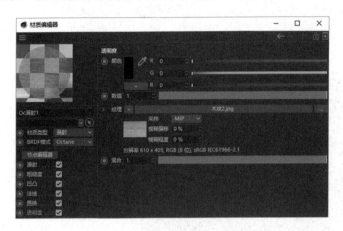

图 6-1-16 透明度通道

● 传输：修改颜色或设置纹理可以模拟类似 SSS（Sub Surface Scattering，次表面散射）材质的效果。需要注意的是，在使用传输通道设置模拟 SSS 材质的效果时，如果使用的是漫射材质，则需要将漫射通道的颜色修改为黑色或灰色，使光线能够透过材质，如图 6-1-17 所示。

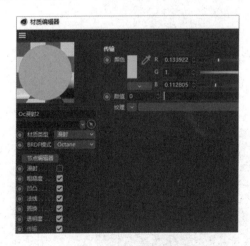

图 6-1-17 传输通道

● 公用：勾选"蒙版"复选框的效果与设置透明度通道的效果一样，可以使镜头隐藏实际渲染中的物体，但不同的是设置蒙版可以让光线依然作用于对象。而且在 Octane 渲染器设置的核心里，勾选"Alpha 通道"复选框，依然可以保留其效果，这是个能够将一个场景里的对象和其他场景合成的有效方法。修改"圆滑边缘"数值框中的数值，

可以在物体表面模拟"倒角"命令的效果。例如，将"圆滑边缘"数
值框中的数值修改为 0.2cm，公用通道如图 6-1-18 所示。

图 6-1-18 公用通道

（二）光泽度材质

　光泽度材质又称反射材质，反射是指材质表面反射光线的能力。
表面反射的光线越多，说明材质的光泽度越高；表面反射的光线越少，
说明材质的光泽度越低。表面反射光线的能力受环境中各种因素的影
响。例如，落在物体上的小颗粒灰尘，以及用手接触物体时沾染到物
体上的油污，这一切都会影响物体表面反射光线的能力。光泽材质特
别适用于设置抛光的石头、地板砖。

　● 镜面：C4D 默认的镜面设置是假镜面高光，而 Octane 渲染器
默认的镜面设置是真实反射，即百分百的、物理的、准确的光线。当
浮点值为 0 时，表示为黑色，没有反射效果；当浮点值为 1 时，表示
为白色，全反射效果，如图 6-1-19 所示。

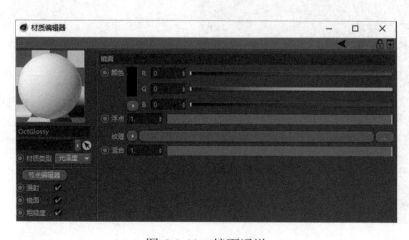

图 6-1-19 镜面通道

问题摘录

学习笔记

● 粗糙度：一般将浮点值修改为 0.1，此数值较符合真实情况。漫射、镜面、粗糙度都可以由纹理来控制，可以在纹理选项下面的"混合"数值框中调整 HSV 或浮点值与纹理混合的权重，如图 6-1-20 所示。

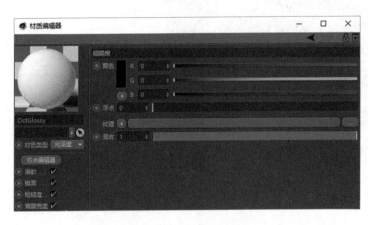

图 6-1-20　粗糙度通道

● 索引：Octane 渲染器默认打开菲涅尔，或者默认反射强度衰减的效果。菲涅尔是在材质的边缘创建较多反射，而在中心创建较少反射的一项控制。通过设置索引通道来修改材质表面的反射强度，"索引"数值框的数值越小，反射强度越低，当数值为 1 时将关闭所有菲涅尔，使材质从任何角度上看都是 100% 全反射的效果，可以用来模拟金属材质的效果。建议将"索引"数值框的数值设置为 1.3，使其接近大部分的现实对象的衰减效果，如图 6-1-21 所示。

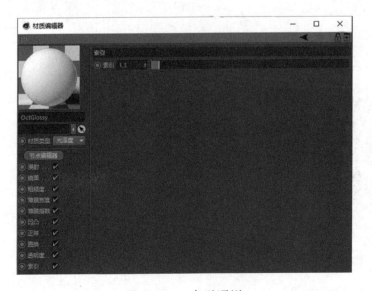

图 6-1-21　索引通道

（三）镜面材质

镜面材质又称折射材质，可以用来模拟具有透明效果的材质，如玻璃、水等，也可以用来模拟一些人看不透但光线能穿透的效果的材质，如软糖、皮肤、食物等。

● 粗糙度：用来设置折射材质表面的粗糙度，多用于模拟磨砂玻璃材质的效果，如图 6-1-22 所示。

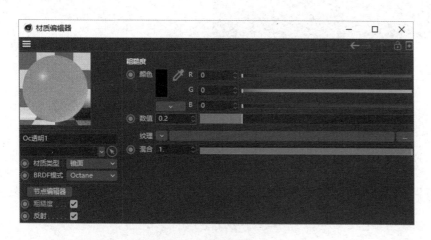

图 6-1-22　粗糙度通道

● 反射：通过修改参数，可以控制镜面反射的强度。大多数镜面物体的表面会根据表面材质的属性产生反射。可以通过调节"数值"数值框中的参数来控制反射的强度，如图 6-1-23 所示。

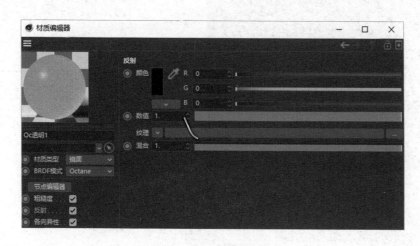

图 6-1-23　反射通道

● 透明度：用来修改镜面材质表面的透明度，多用于模拟薄膜材质的效果，如图 6-1-24 所示。

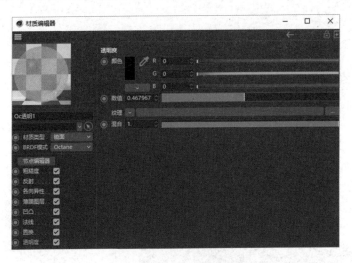

图 6-1-24　透明度通道

● 色散：当白光由于折射和斯涅尔定律而被分成不同的组成颜色时，就会发生光的色散现象。每个可见光的波长不同，其折射率也不同。设置色散能够将光线中的颜色先区分开，再混合在一起，类似三棱镜对光的散射的效果，可以为材质增加细节。实际上，对于大多数材质来说，光的波长越小，折射率越大。这意味着较小波长的光将比较大波长的光折射率更大，如图 6-1-25 所示。

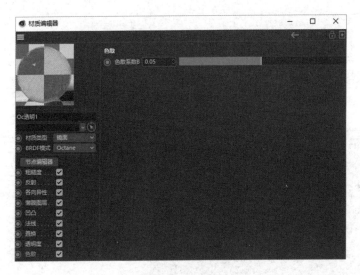

图 6-1-25　色散通道

● 传播：透射率描述了光如何通过透明表面，它们与反射的强度紧密联系并一起工作。当光进入介质时，传播速度要比光在空气（或真空）中的传播速度慢。传输参数可以使用 RGB / Float 或过程值。更改变速箱浮动值的传播通道效果如图 6-1-26 所示。

图 6-1-26　传播通道效果

● 伪阴影：修改伪阴影通道可以优化光折射后产生的阴影。启用伪阴影后，镜面反射材质将具有透明功能，使光线可以照亮封闭的空间或构成外部视图。如果要为镜面反射材质设置逼真的阴影效果，则应关闭伪阴影，伪阴影设置的对比效果如图 6-1-27 所示。

图 6-1-27　伪阴影设置的对比效果

（四）金属材质

在镜面反射方面，金属材质与光泽度材质有明显区别。在现实世界中，金属材质的反射率非常高。Octane 渲染器中的金属材质可以用来模拟各类金属的反射效果，根据金属反射、吸收特定波长的光的方式，可以确定被反射回的光的特性。

● 镜面：可以控制金属材质的颜色和反射值，如图 6-1-28 所示。

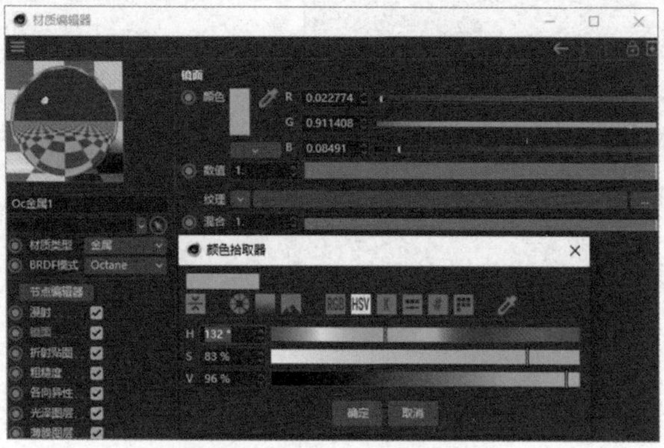

图 6-1-28　镜面通道

● 折射贴图：如果要为金属材质设置 RGB 漫反射值，则可以使用折射贴图来查看漫反射的颜色，如图 6-1-29 所示。

图 6-1-29 折射贴图

（五）混合材质

混合材质是将两种 Octane 渲染器的材质通过任意一张带有黑白通道信息的贴图或纹理进行混合，从而得到的一种新材质。

控制参数可以确定两种 Octane 材质之间的混合量。默认设置带有"浮点纹理"节点，浮点纹理的范围是 0~1，可以使用任何灰度纹理或过程纹理来控制混合，如图 6-1-30 所示。

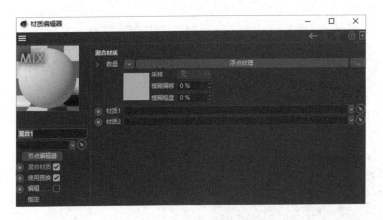

图 6-1-30 混合材质通道

四、Octane 渲染器的摄像机

Octane 渲染器的摄像机设置中包含"基本""薄透镜""运动模糊""摄像机成像""后期处理"等选项卡。Octane 渲染器的摄像机相当于自带摄像机加上了 Octane 渲染器的摄像机的功能。当使用 Octane 渲染器的摄像机时，如果需要，就可以添加景深、运动模糊和 Octane 的辉光等一些效果。

（一）基本选项卡

● 薄透镜：用于设置标准摄像机镜头，也就是视图里的默认摄像机镜头。

● 全景：用于设置 360°的 HDRI 环境。

● 烘焙：用于查看材质的 UV 纹理。

（二）"薄透镜"选项卡

摄像机类型默认选择薄透镜，设置薄透镜的参数可以为场景增加景深效果，包含"光圈""光圈纵横比""光圈边缘"等，如图 6-1-31 所示。在 Octane 渲染器的工具栏中，选择"景深"选项，调整景深功能的参数即可为场景增加景深效果。

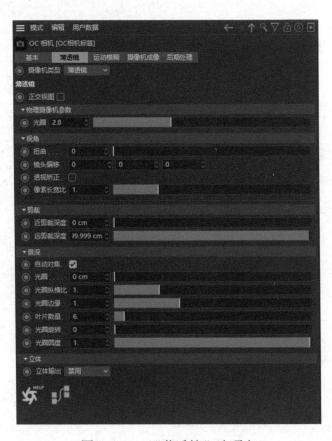

图 6-1-31　"薄透镜"选项卡

知识链接

如果物体的运动速度过慢、运动动作过小，快门时间设置过长，就会产生运动模糊。如果运动中的步幅过小，就会导致计算不准确。可在 C4D 渲染设置中，将渲染器换成 Octane 渲染器，每帧时间采样设置为 4，意为每一帧提高 4 倍的采样值，这样可以制作出更多的运动模糊细节。

问题摘录

_____

_____

_____

_____

_____

（三）"运动模糊"选项卡

Octane 渲染摄像机中的运动模糊是通过运算帧数，并比较场景中的对象在一定的动画帧数间的动作，从而得出的运动模糊效果，"运动模糊"选项卡如图 6-1-32 所示。

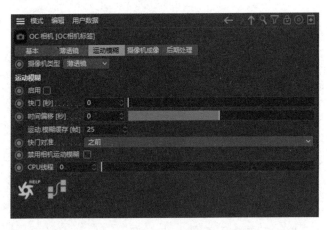

图 6-1-32 "运动模糊"选项卡

● 快门：时长越长，图像越模糊。最佳的快门时长可用如下公式计算：1÷（帧率×2）=快门时长，得到的这个快门时长的数值较接近现实，也可以直接用 1 除以帧率得到更大的快门时长的数值。

● 时间偏移：用于设置当前场景里的前、后帧；设置的数值大于或小于零，动画效果会提前或延后；设置的数值为-1 或 1，则运动模糊失效。这个参数不常用。

● 运动模糊缓存：该设置只会影响"Octane 渲染器实时预览"窗口，对图片查看器和最终渲染无效。将该设置项的数值增大，可以缓存更多动画的关键帧，方便实时预览运动模糊效果。

● 快门对准：该设置与运动模糊缓存配合使用，它能够根据动画时间轴上的时间指针来确定缓存运动模糊的位置。

（四）"摄像机成像"选项卡

相比核心控制渲染效果，启用摄像机成像功能可以为场景增加滤镜及后期效果，摄像机成像是控制渲染后的后期效果，包含"镜头""饱和度"等，可以在渲染的基础上进行二次调节，"摄像机成像"选项卡如图 6-1-33 所示。

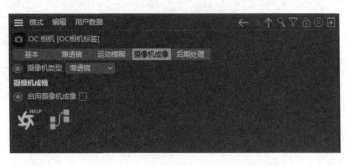

图 6-1-33　"摄像机成像"选项卡

（五）"后期处理"选项卡

设置"后期处理"选项卡的相关参数可以为场景增加辉光效果，包含设置"辉光强度""眩光强度""眩光数量""眩光角度""眩光模糊""光谱强度""光谱偏移"等功能。例如，勾选"启用"复选框，将"辉光强度"数值框中的参数值修改为 4，将"眩光强度"数值框中的参数值修改为 0.25，如图 6-1-34 所示。

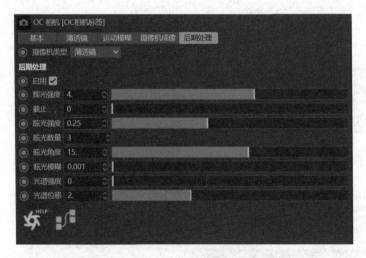

图 6-1-34　"后期处理"选项卡

任务二　Octane 渲染器在项目中的运用

任务目标

1. 掌握 Octane 渲染器在实际项目中的基础设置

2. 使用 Octane 渲染器完成"元宇宙"环境的渲染

任务描述

通过对任务一的了解，熟练地运用 Octane 渲染器中的"灯光""材质节点""渲染设置"等命令，完成"元宇宙"环境的效果渲染。

任务导图

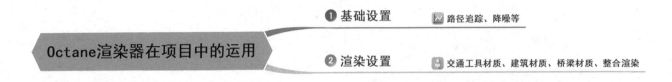

实现过程

一、Octane 渲染器在项目中的基础设置

（1）打开 C4D 软件，在菜单栏中选择"Octane"→"实时预览窗口"命令，如图 6-2-1 所示。

图 6-2-1　打开实时预览窗口

（2）将打开的实时预览窗口吸附到操作窗口左侧中，方便在后面的制作过程中实时地观察渲染效果，布局如图 6-2-2 所示。

图 6-2-2　操作窗口布局

问题摘录

学习笔记

（3）在菜单栏中选择"文件"→"打开项目"命令，或者按【Ctrl+O】组合键打开项目，将之前完成的单个模型（FBX 格式）导入到 C4D 中，导入的过程如图 6-2-3 至图 6-2-6 所示。

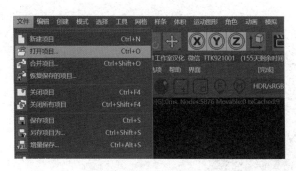

图 6-2-3　打开项目

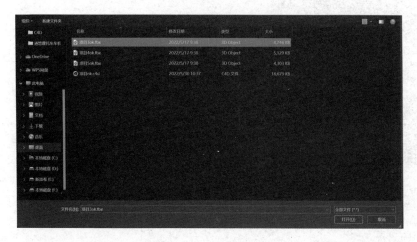

图 6-2-4　选择项目

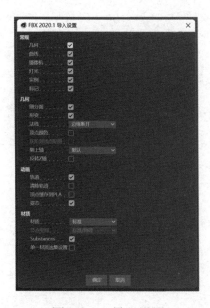

图 6-2-5　导入设置

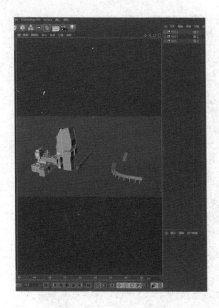

图 6-2-6　完成导入

（4）在菜单栏中选择"Octane"→"OC 设置"命令，在弹出的窗口中选择"核心"选项卡，将默认的"直接照明"修改为"路径追踪"，"最大采样"数值框中的参数值修改为 94，"GI clamp"数值框中的参数值修改为 1，如图 6-2-7 所示。

知识链接

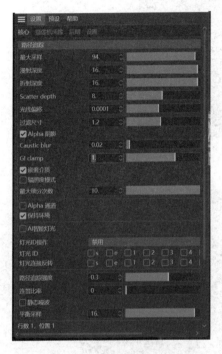

图 6-2-7　"OC 设置"窗口

问题摘录

（5）在"摄像机成像"选项卡中将默认的"伽马值"数值框中的参数值修改为 2.2，将"滤镜"修改为"Linear"，如图 6-2-8 所示。

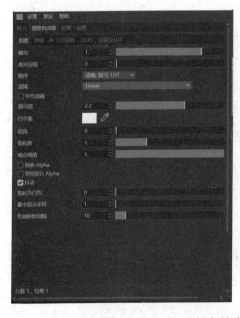

学习笔记

图 6-2-8　设置"摄像机成像"选项卡中的参数

（6）在"摄像机成像"选项卡的"降噪"区域中，勾选"启用降噪"复选框，如图 6-2-9 所示。

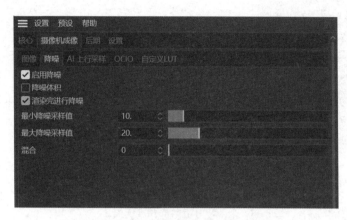

图 6-2-9　勾选"启用降噪"复选框

（7）在 Octane 渲染器的设置菜单栏中，选择"预设"→"添加新的预设"命令，在弹出的对话框中将刚刚设置好的渲染添加为新的预设，可以按照自己的需求为其命名，如图 6-2-10 所示。

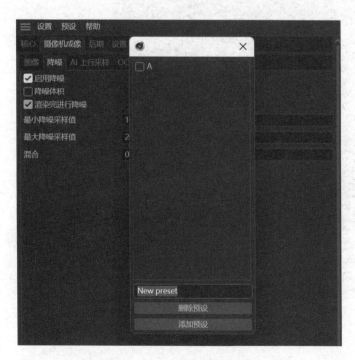

图 6-2-10　添加新的预设

（8）选择 C4D 软件的菜单栏中的"渲染设置"命令，在弹出的"渲染设置"窗口中，将默认渲染器修改为"Octane 渲染器"，如图 6-2-11 所示。

知识链接

问题摘录

学习笔记

图 6-2-11　设置渲染

知识链接

（9）在"渲染设置"窗口中选择"输出"选项，将宽度设置为 1920，高度设置为 1080，分辨率设置为 72，如图 6-2-12 所示。

问题摘录

图 6-2-12　输出设置

学习笔记

（10）在"渲染设置"窗口中选择"Octane Renderer"选项，在"渲染 AOV 组"选项卡中勾选"启用"复选框；在"降噪通道"区域中，勾选"图像降噪图"复选框；在"渲染通道文件"区域中指定文件保存的路径；最后将格式修改为 JPG 格式，如图 6-2-13 所示。

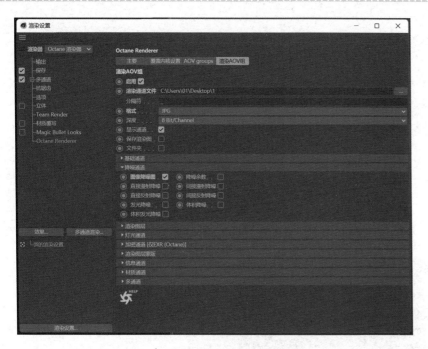

图 6-2-13　设置渲染 AOV 组

二、使用 Octane 渲染器完成"元宇宙"场景的渲染

（一）交通工具模型的材质

（1）逐一为模型设置材质，现以交通工具模型为例，在菜单栏中选择"材质"→"创建"→"Octane 光泽材质"命令，如图 6-2-14 所示。

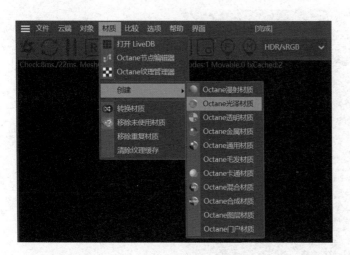

图 6-2-14　选择"Octane 光泽材质"命令

（2）在弹出的"材质编辑器"窗口中选择"漫射"选项。在漫射通道中，双击颜色拾取器按钮，将 H 修改为 218°，S 修改为 71%，V 修改为 83%，如图 6-2-15 所示。

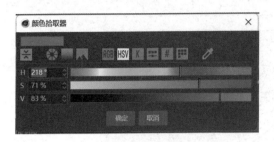

图 6-2-15　设置颜色

知识链接

（3）在"材质编辑器"窗口中选择"粗糙度"选项，在粗糙度通道中，将参数值修改为 0.2，如图 6-2-16 所示。

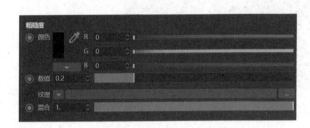

图 6-2-16　设置粗糙度

问题摘录

（4）在"材质编辑器"窗口中选择"折射率"选项，在折射率通道中，将参数值修改为 4，此时材质球被设置为一个带有金属反射的、粗糙的蓝色材质球，如图 6-2-17 所示。

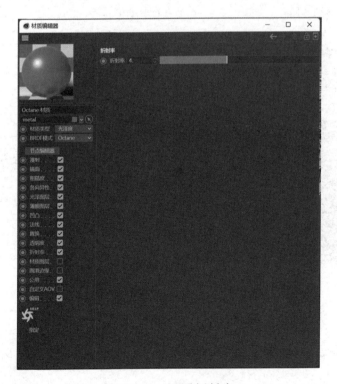

学习笔记

图 6-2-17　设置折射率

（5）在面模式下，选中模型中需要设置颜色的面，如图 6-2-18 所示，将材质球拖曳至选中的面上完成材质球的赋予后，模型的后方将出现相对应的材质球标签，如图 6-2-19 所示。

图 6-2-18　选中面

图 6-2-19　材质球标签

（6）在 Octane 渲染器的菜单栏中选择"材质"→"创建"→"Octane 光泽材质"命令，双击新建的材质球，在弹出的对话框中单击"节点编辑器"选项，双击颜色拾取器按钮，在弹出的"颜色拾取器"对话框中将 H 修改为 217°，S 修改为 54%，V 修改为 46%，如图 6-2-20 所示。

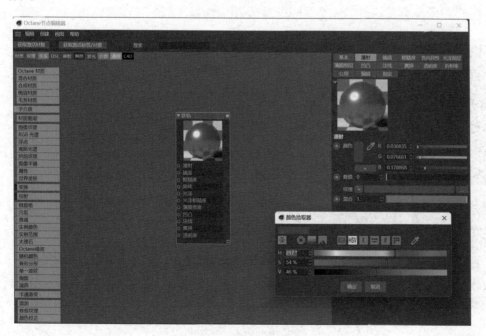

图 6-2-20　设置节点颜色

（7）在"Octane 节点编辑器"窗口的中左侧，拖曳出两个渐变节点，并分别连接"漫射"节点和"镜面"节点，如图 6-2-21 所示。

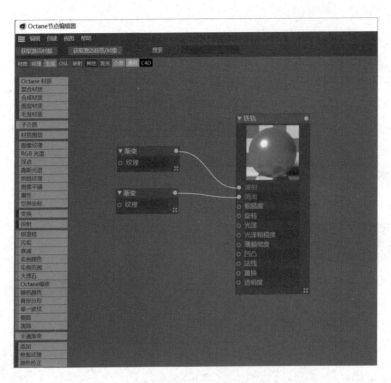

图 6-2-21　连接节点

（8）与"漫射"节点连接的"渐变"节点参数设置如图 6-2-22 所示，与"镜面"节点连接的"渐变"节点参数设置如图 6-2-23 所示。

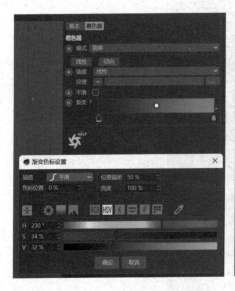

图 6-2-22　与"漫射"节点连接的　　图 6-2-23　与"镜面"节点连接的
"渐变"节点参数设置　　　　　　"渐变"节点参数设置

（9）将准备好的图像纹理贴图拖曳至"Octane 节点编辑器"窗口中，并连接两个"渐变"节点，如图 6-2-24 所示。

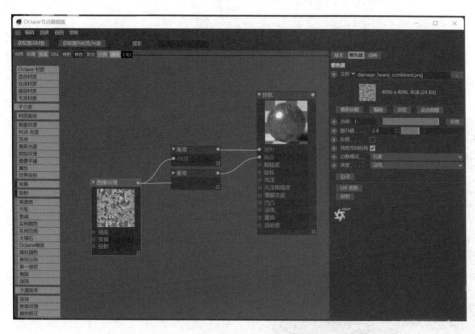

图 6-2-24 "渐变"节点连接图像纹理贴图

（10）选中需要设置材质的模型，如图 6-2-25 所示，将材质球拖曳至此模型上，此时模型后面会多出一个材质球标签，如图 6-2-26 所示。

图 6-2-25 选中模型

图 6-2-26 模型后面的材质球标签

（11）在 Octane 渲染器的菜单栏中选择"材质"→"创建"→"Octane 漫射材质"命令，双击新建的漫射材质球，单击"材质编辑器"窗口中的"Octane 节点编辑器"选项，在"Octane 节点编辑器"窗口中将"黑体发光"节点拖曳出来，并连接漫射材质上的"发光"节点，如图 6-2-27 所示。

知识链接

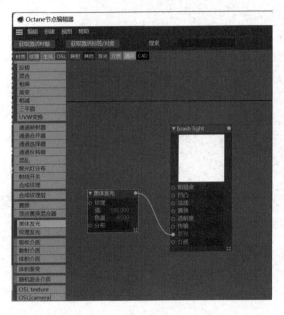

图 6-2-27　连接"黑体发光"节点

（12）单击"黑体发光"节点，将功率修改为 500，勾选"表面亮度"复选框和"双面"复选框，将色温修改为 12 000，采样率修改为 64，如图 6-2-28 所示。

问题摘录

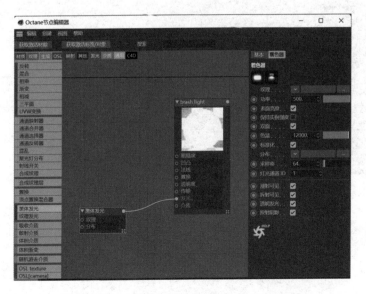

图 6-2-28　设置"黑体发光"节点的参数

学习笔记

（13）选中车头模型上的车灯模型，如图 6-2-29 所示，将新建的漫射材质球拖曳至模型上方，为车灯模型设置材质，此时车灯模型后面会多出一个材质球标签，如图 6-2-30 所示。

知识链接

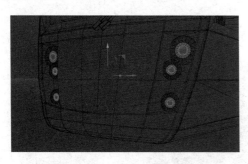

图 6-2-29　选中车灯模型

图 6-2-30　车灯模型的材质球标签

问题摘录

（14）使用以上新建材质球的方法，为交通工具模型的其余未设置材质的部位都赋予材质球。

（15）单击 Octane 渲染面板中的渲染按钮，如图 6-2-31 所示，可看到实时渲染的效果，如图 6-2-32 所示。

图 6-2-31　渲染按钮

学习笔记

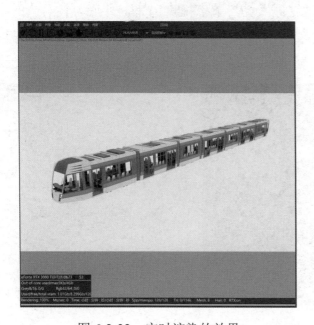

图 6-2-32　实时渲染的效果

（二）建筑模型的材质

（1）在菜单栏中选择"材质"→"创建"→"Octane 漫射材质"命令，双击新建的漫射材质球，取消勾选"材质编辑器"窗口中的"漫射"复选框，如图 6-2-33 所示。

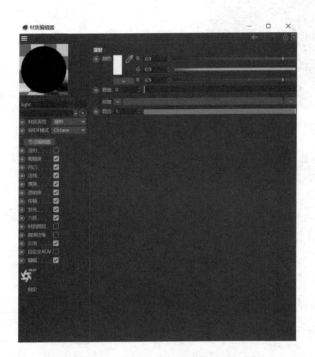

图 6-2-33　取消勾选"漫射"复选框

（2）单击"材质编辑器"窗口中的"节点编辑器"选项，在弹出的"Octane 节点编辑器"窗口中将"纹理发光"节点拖曳出来，并连接到漫射材质球的"发光"节点上，如图 6-2-34 所示。

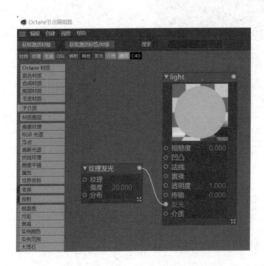

图 6-2-34　"纹理发光"节点与"发光"节点连接

（3）将"纹理发光"节点中的功率修改为 20，勾选"表面亮度"复选框，将采样率修改为 64，如图 6-2-35 所示。

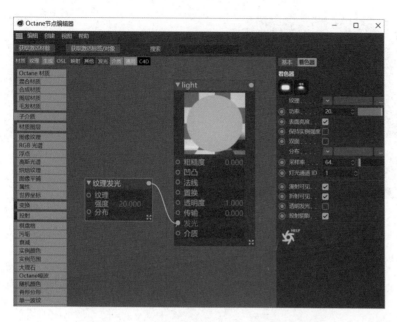

图 6-2-35　"纹理发光"节点的参数设置

（4）在"Octane 节点编辑器"窗口的中左侧找到"渐变"节点，并将"渐变"节点、"发光"节点与"纹理发光"节点连接，如图 6-2-36 所示。

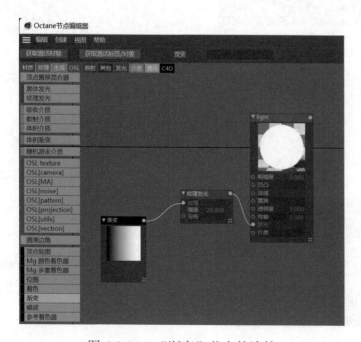

图 6-2-36　"渐变"节点的连接

虚拟现实场景设计与制作案例教程

（5）在"着色器"选项卡的渐变颜色选择器中，分别使用鼠标单击左、中、右三处，如图 6-2-37 所示。

图 6-2-37　渐变设置

（6）将左、右两个颜色的参数值 H 修改为 211°，S 修改为 94%，V 修改为 100%，如图 6-2-38 所示。

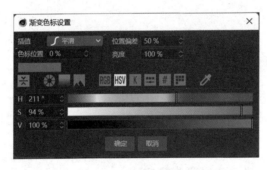

图 6-2-38　渐变色参数设置 1

（7）将中间颜色的参数值 H 修改为 206°，S 修改为 62%，V 修改为 96%，如图 6-2-39 所示，最后此材质球的节点如图 6-2-40 所示。

图 6-2-39　渐变色参数设置 2

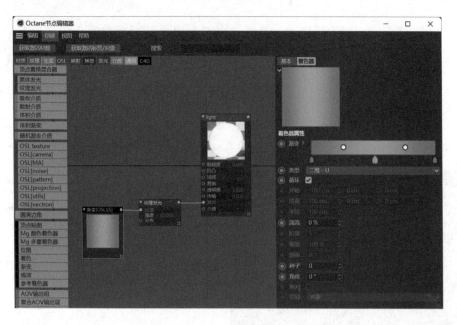

图 6-2-40　材质球的节点

（8）在菜单栏中选择“材质”→“创建”→“Octane 金属材质”命令，双击新建的金属材质球，单击“材质编辑器”区域中的“节点编辑器”选项，将准备好的黑白图像纹理贴图拖曳至“Octane 节点编辑器”窗口中，并通过“渐变”节点分别连接金属材质球的“漫射”节点、“镜面”节点和“粗糙度”节点，如图 6-2-41 所示。

图 6-2-41　节点连接

知识链接

问题摘录

学习笔记

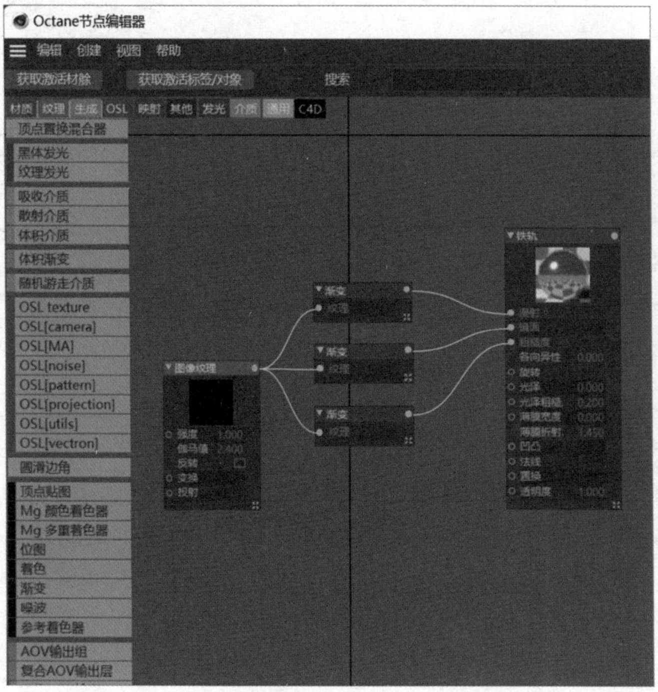

（9）在菜单栏中选择"材质"→"创建"→"Octane 混合材质"命令，双击新建的混合材质球，弹出"材质编辑器"窗口，将之前制作好的金属材质球和漫射材质球分别拖曳至"混合材质"选项卡中的"材质 1"和"材质 2"文本框中，如图 6-2-42 所示。

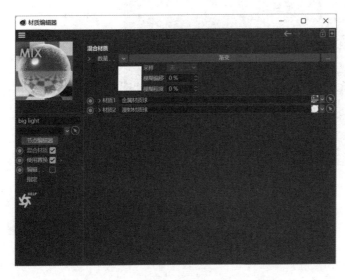

图 6-2-42　设置 Octane 混合材质球

（10）在混合材质球的"材质编辑器"窗口中，单击打开"Octane 节点编辑器"窗口，在"数量"节点上连接"渐变"节点，如图 6-2-43 所示。

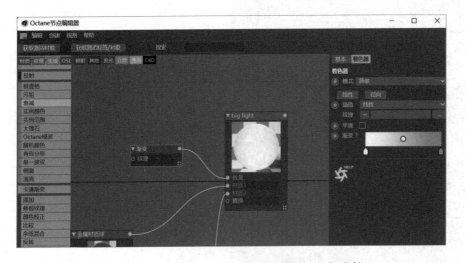

图 6-2-43　"数量"节点与"渐变"节点连接

（11）在"渐变"节点上连接"衰减"节点，将"衰减"节点中最大值修改为 0.8，如图 6-2-44 所示。

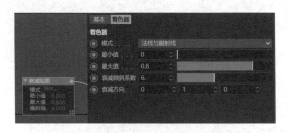

图 6-2-44　设置"衰减"节点

（12）此材质球完整的节点如图 6-2-45 所示。

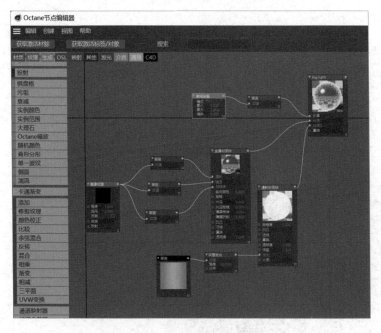

图 6-2-45　材质球完整的节点

（13）将混合材质球拖曳至建筑模型上方，材质效果如图 6-2-46 所示，此时的建筑模型后面会多出一个材质球标签，如图 6-2-47 所示。

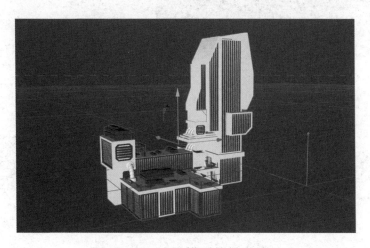

图 6-2-46　建筑模型的材质效果

知识链接

问题摘录

学习笔记

图 6-2-47　建筑模型的材质球标签

（14）单击 Octane 渲染器面板中的渲染按钮，如图 6-2-48 所示，可看到实时渲染的效果，如图 6-2-49 所示。

图 6-2-48　渲染按钮

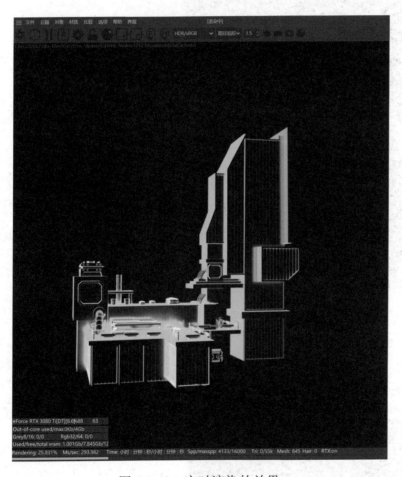

图 6-2-49　实时渲染的效果

（三）桥梁的材质

（1）在菜单栏中选择"材质"→"创建"→"Octane 漫射材质"命令，双击新建的漫射材质球，在"材质编辑器"窗口中选择"发光"→"纹理"→"plugins"→"c4doctane"→"纹理发光"命令，如图 6-2-50 所示。

210

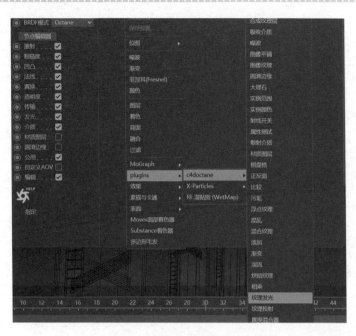

图 6-2-50 选择"纹理发光"命令

（2）在弹出的"纹理发光"窗口中的"纹理"菜单栏中选择"plugins"→"c4doctane"→"渐变"命令，如图 6-2-51 所示。

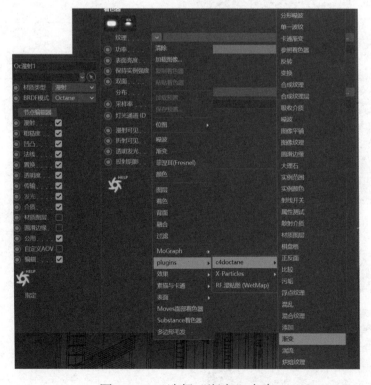

图 6-2-51 选择"渐变"命令

（3）在"渐变"节点中选择"plugins"→"c4doctane"→"污垢"命令，如图 6-2-52 所示。

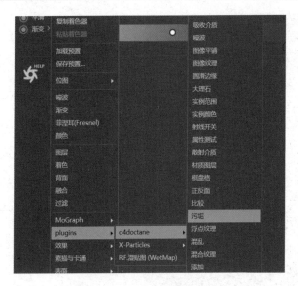

图 6-2-52　选择“污垢”命令

（4）在“渐变”节点中，将左侧的颜色参数值 H 修改为 308°，S 修改为 33%，V 修改为 86%，如图 6-2-53 所示，将右侧的颜色参数值 H 修改为 335°，S 修改为 76%，V 修改为 53%，如图 6-2-54 所示。

图 6-2-53　修改“渐变”节点左侧颜色参数

图 6-2-54　修改“渐变”节点右侧颜色参数

知识链接

问题摘录

学习笔记

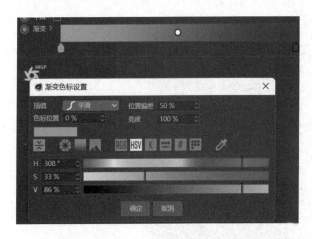

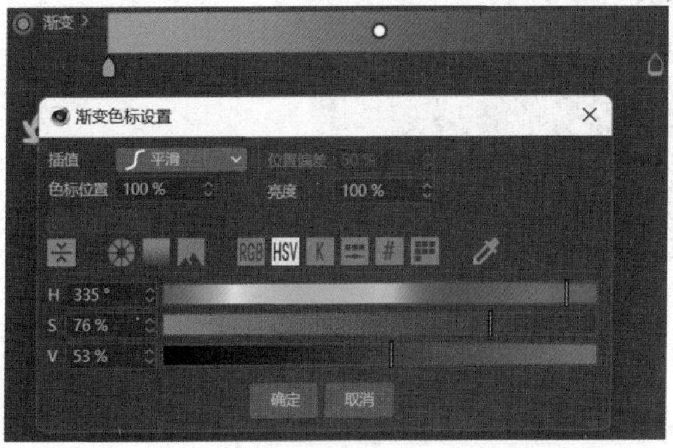

（5）将新建好的漫射材质球拖曳至桥梁模型上，并在渲染窗口中选择"渲染"命令，渲染效果如图 6-2-55 所示。

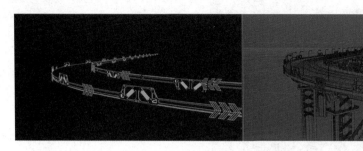

图 6-2-55　渲染效果

（6）在菜单栏中选择"材质"→"创建"→"Octane 漫射材质"命令，双击新建的漫射材质球，在弹出的"材质编辑器"窗口中选择"发光"→"纹理"→"plugins"→"c4doctane"→"纹理发光"命令，如图 6-2-56 所示。

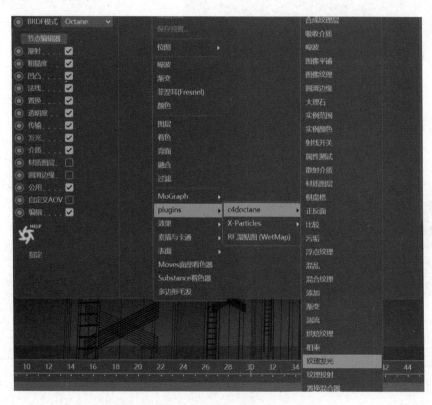

图 6-2-56　选择"纹理发光"命令

（7）分别在弹出的对话框中的"纹理"选项和"分布"选项中选择"plugins"→"c4doctane"→"RBG 颜色"命令，如图 6-2-57 所示。

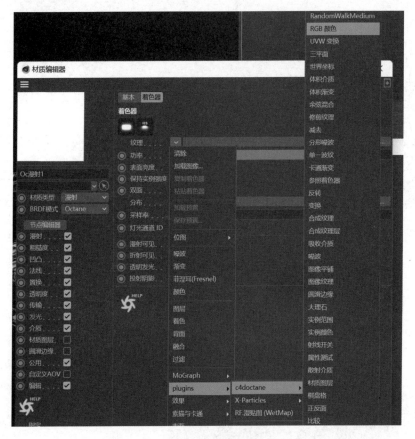

图 6-2-57　选择"RGB 颜色"命令

（8）将"颜色拾取器"对话框中的参数值 H 修改为 210°，S 修改为 72%，V 修改为 95%，如图 6-2-58 所示。

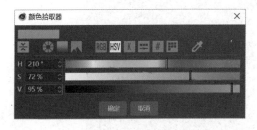

图 6-2-58　颜色参数设置

（9）将新建好的漫射材质球拖曳至桥梁模型上，并在渲染窗口中单击渲染按钮，最终效果如图 6-2-59 所示。

图 6-2-59　最终效果

（四）整合渲染

（1）将准备好的模型依次放入同一个场景工程文件下，并摆放到相应的位置，场景搭建效果如图 6-2-60 所示。

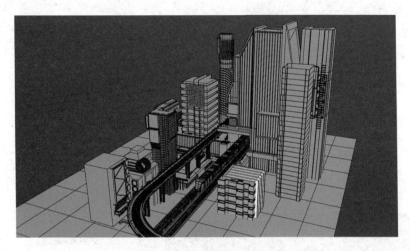

图 6-2-60　场景搭建效果

（2）在 Octane 渲染器的菜单栏中，选择"对象"→"Octane 摄像机"命令，创建摄像机，如图 6-2-61 所示。

图 6-2-61　选择"Octane 摄像机"命令

（3）在新建的摄像机视角中，按【Alt+鼠标左键】组合键，调整到合适的渲染视角，如图 6-2-62 所示。

图 6-2-62　调整渲染视角

（4）在 Octane 渲染器的菜单栏中，选择"对象"→"OctaneHDR 环境"命令，创建 HDR 环境光源，如图 6-2-63 所示。

图 6-2-63　选择"OctaneHDR 环境"命令

（5）在新建的"OctaneHDR 环境"后方的标签中，将准备的 HDR 贴图拖曳至文件中，并将功率数值修改为 0.5，将旋转 X 修改为-0.2，如图 6-2-64 所示。

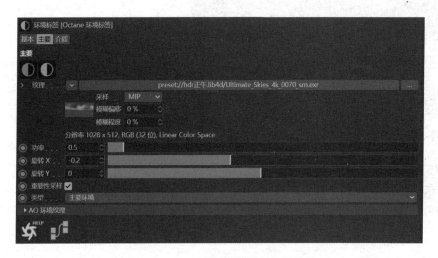

图 6-2-64　设置环境标签参数

（6）在 Octane 渲染器中，单击"设置"选项卡，将最大采样参数修改为 1000，如图 6-2-65 所示。

图 6-2-65　参数设置

（7）打开"渲染设置"对话框，检查保存文件的路径等参数，如图 6-2-66 所示。

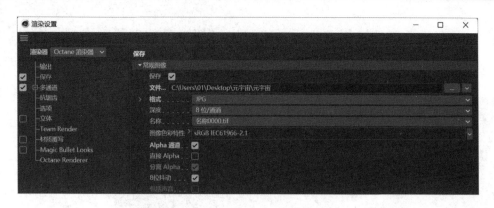

图 6-2-66 保存文件的路径

（8）在 C4D 软件的菜单栏中，单击渲染按钮，等待渲染完成，效果如图 6-2-67 所示。

图 6-2-67 渲染效果

任务小结

通过基础灯光与材质的使用，我学会了_____ 工具的使用方法，学会了使用_____命令。

实战演练

在 C4D 软件中，通过不同类型的灯光，与材质球中不同类型的节点可以创造出与众不同的虚拟世界。在本实际项目中，我们利用所学到的知识，一起来制作都市夜景模型，如

图 6-3-1 所示。在制作都市夜景模型的过程中，同学们可以发挥自己的创造力，制作有个性的、与众不同的都市夜景模型环境，在制作灯光与材质球时可以适当添加细节进行创作。

图 6-3-1　都市夜景模型

制作要求：

（1）能制作出虚拟现实世界中所用的模型。

（2）能合理使用不同类型的灯光光源。

（3）能使用材质球中不同类型的节点。

（4）能将整个虚拟世界烘托出氛围并渲染出图片。

制作提示：

（1）使用合适的 HDRI 环境贴图营造氛围。

（2）可使用混合材质球将不同材质进行混合，从而得到更为复杂精细的材质球。

（3）合理优化场景，使制作过程不会卡顿。

（4）在渲染设置中合理地调节参数，在效果与渲染时间上进行权衡。

项目评价

完成本任务的学习后，请同学们在相应评价项打"√"，完成自我评价，并通过评价肯定自己的成功，弥补自己的不足。

项目实训评价表					
项目	内容		评定等级		
	学习目标	评价目标	幼鸟	雏鹰	雄鹰
职业能力	能熟练使用灯光材质与渲染	能使用"HDRI 环境""区域光""自发光"等灯光类型完成虚拟环境中的照明			
		能使用"漫射材质球""光泽材质球"等材质球对虚拟环境赋予颜色			
		能使用"Octane 渲染器"完成虚拟环境的渲染			
通用能力	分析问题的能力				
	解决问题的能力				
	自我提高的能力				
	自我创新的能力				
综合评价					

评定等级说明表	
等级	说明
幼鸟	能在指导下完成学习目标的全部内容
雏鹰	能独立完成学习目标的全部内容
雄鹰	能高质量、高效地完成学习目标的全部内容，并能解决遇到的特殊问题

最终等级说明表	
等级	说明
不合格	不能达到幼鸟水平
合格	可以达到幼鸟水平
良好	可以达到雏鹰水平
优秀	可以达到雄鹰水平

附录 A

Maya 2020 快捷键整理

一、工具操作	
Enter	完成当前操作
Q	"选择"工具，或者对选择遮罩标记菜单使用鼠标左键
W	"移动"工具，或者对移动工具标记菜单使用鼠标左键
E	"旋转"工具，或者对旋转工具标记菜单使用鼠标左键
R	"缩放"工具，或者对缩放工具标记菜单使用鼠标左键
Ctrl+T	显示"通用操纵器"工具
T	显示"操纵器"工具
=/+	增大"操纵器"工具的大小
−/-	减小"操纵器"工具的大小
D	使用鼠标左键移动枢轴（"移动"工具）
Ins	在移动枢轴与移动对象之间切换（"移动"工具）
Tab	循环切换视图中编辑器值
Shift+Tab	反向循环切换视图中编辑器值

二、动作操作	
Ctrl+Z	撤销
Ctrl+Y	重做
G	重复上次操作
F8	在"对象/组件"选择模式之间切换

三、显示热盒	
空格	显示热盒

四、显示对象（显示、隐藏）	
Ctrl+H	隐藏当前选定的对象
Shift+H	显示当前选定的对象
Ctrl+Shift+H	显示上次隐藏的对象
Alt+H	隐藏未被选定的对象
Ctrl+1	查看被选定的对象（位于面板菜单中）

五、显示设置	
4	线框着色
5	着色显示
6	着色且带纹理的显示
7	在照明中使用所有灯光

	五、显示设置
0	默认质量显示设置
1	粗糙质量显示设置
2	中等质量显示设置
3	平滑质量显示设置
	六、文件操作
Ctrl+N	新建场景
Ctrl+O	打开场景
Ctrl+S	保存场景
Ctrl+Shift + S	场景另存为
	七、翻滚、平移或推拉
Alt+鼠标左键	翻滚工具
Alt+鼠标中键	平移工具
Alt+鼠标右键	推拉工具
	八、捕捉操作
C	捕捉到曲线（按下并释放）
X	捕捉到栅格（按下并释放）
V	捕捉到点（按下并释放）
	九、选择对象和组件
F8	选择对象/组件（在对象与组件编辑之间切换）
F9	选择顶点
F10	选择边
F11	选择面
F12	选择 UV
	十、选择菜单
Ctrl+M	显示/隐藏主菜单栏
Shift+M	显示/隐藏面板菜单栏
Ctrl+Shift+M	显示/隐藏面板工具栏
F2	显示"建模"菜单集
F3	显示"装备"菜单集
F4	显示"动画"菜单集
F5	显示"动力学"菜单集
F6	显示"渲染"菜单集
	十一、编辑操作
Ctrl+Z	撤销
Ctrl+Y	重做
Ctrl+D	复制

十一、编辑操作	
Ctrl+Shift+D	特殊复制
Shift+D	复制并变换
Ctrl+G	打组

十二、渲染	
Ctrl+→（右箭头）	渲染视图中的下一个图像
Ctrl+←（左箭头）	渲染视图中的上一个图像
Ctrl+P	在模型窗口中打开"颜色拾取器"对话框。当使用该组合键（而非从样例）打开"颜色拾取器"对话框时，可以将颜色保存到"颜色历史"区域，或者使用"滴管"工具选择/检查屏幕上的颜色。此外，还可以加载、保存和编辑选项卡，但无法在场景对象上设置颜色属性

十三、窗口和视图操作	
Ctrl+A	在属性编辑器与通道盒之间切换，或者显示属性编辑器（如果两者均不显示）
A	在活动面板中框显所有内容，或者对历史操作标记菜单单击
空格键	在多窗格显示的活动窗口与单个窗格显示之间切换
Ctrl+空格键	在当前面板的标准视图与全屏视图之间切换
]（右方括号）	重做视图更改
[（左方括号）	撤销视图更改
Alt+B	在渐变、黑色、暗灰色或浅灰色背景色之间切换

十四、移动和选定对象	
Alt+↑（上箭头）	向上移动一个像素
Alt+↓（下箭头）	向下移动一个像素
Alt+←（左箭头）	向左移动一个像素
Alt+→（右箭头）	向右移动一个像素

十五、行进式拾取	
↑（上箭头）	将当前项向上移动
↓（下箭头）	将当前项向下移动
←（左箭头）	将当前项向左移动
→（右箭头）	将当前项向右移动
*基于当前选择，可以使用箭头键移动当前层次（选定对象）或漫游对象的组件（选定组件，包括顶点、循环边、环形边）	

十六、建模操作	
Ctrl+F9	将多边形选择转化为顶点
Ctrl+F10	将多边形选择转化为边
Ctrl+F11	将多边形选择转化为面
Ctrl+F12	将多边形选择转化为 UV
Ctrl+Shift+Q	激活四边形绘制工具
Ctrl+Shift+X	激活多切割工具

反侵权盗版声明

电子工业出版社依法对本作品享有专有出版权。任何未经权利人书面许可，复制、销售或通过信息网络传播本作品的行为；歪曲、篡改、剽窃本作品的行为，均违反《中华人民共和国著作权法》，其行为人应承担相应的民事责任和行政责任，构成犯罪的，将被依法追究刑事责任。

为了维护市场秩序，保护权利人的合法权益，我社将依法查处和打击侵权盗版的单位和个人。欢迎社会各界人士积极举报侵权盗版行为，本社将奖励举报有功人员，并保证举报人的信息不被泄露。

举报电话：（010）88254396；（010）88258888

传　　真：（010）88254397

E-mail：　dbqq@phei.com.cn

通信地址：北京市海淀区万寿路 173 信箱

　　　　　电子工业出版社总编办公室

邮　　编：100036

虚拟现实场景设计与制作案例教程 项目任务书

许倩倩　　边晓鋆 / 主　编

张鹏威　　王金洁　　周　弢 / 副主编

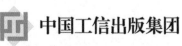
中国工信出版集团

电子工业出版社·
PUBLISHING HOUSE OF ELECTRONICS INDUSTRY
http://www.phei.com.cn

目　录

项目任务书1

3.1 基础物体建模方法

实训时间＿＿＿＿＿＿＿＿＿＿＿＿＿姓名＿＿＿＿＿＿＿＿＿＿＿＿＿

项目 要求	1. 完成实战运用中能源补给站模型各部分的建模。 2. 完成能源补给站模型各部分的整合操作。
教学 目标	【知识目标】 1. 掌握"倒角""挤出""缩放""布尔运算"等命令的使用。 2. 掌握"复制并变换""楔形面""弯曲"等命令的使用。 3. 掌握在模型中应用和调整各参数的方法。 【技能目标】 1. 能够熟练运用"倒角""挤出"等命令对模型进行创建。 2. 能够合理调整模型的比例。 【素养目标】 1. 具有爱岗敬业、精益求精的职业精神。 2. 具有扎实的专业理论基础、较高的专业技术水平。 3. 具有良好的职业道德、较高的人文素养和工匠精神，具有一定的团队协作精神。
技术 知识	1. "倒角""挤出""缩放"命令。 2. "布尔运算""楔形面""弯曲"等命令。
项目效 果图	

项目步骤	1. 打开软件。 2. 使用"倒角""缩放""挤出"等命令创建能源补给站模型的外形。 3. 使用"倒角""提取面""复制"等命令创建能源补给站的电能设备模型。 4. 使用"多切割"工具完成模型的重新布线。 5. 使用"移动""缩放"等命令完成模型的整合。
项目笔记	
易错点	1. 使用"复制并变换"功能的组合键时应注意其顺序。 　（1）首先按【Ctrl+D】组合键复制；然后按【Shift+D】组合键复制并变换。 　（2）注意在按【Ctrl+D】组合键复制后，不可以使用鼠标单击设计界面，否则再按【Shift+D】组合键无效 2. 使用"弯曲"命令时注意弯曲的方向。 3. 使用"楔形面"命令时注意两个圆柱体模型的位置摆放。

	序号	考查内容	考查要点	配分	评分标准	扣分	得分
项目评分	1	能源补给站模型的外形制作	根据要求制作模型的外形形状	35	外形不完整，缺少 1～2 个部件扣 15 分，缺少 3 个及以上个数的部件扣 35 分。		
	2	电能设备模型的制作	根据要求制作电能设备模型的形状	35	设备不完整，缺少 1～2 个部件扣 15 分，缺少 3 个及以上个数的部件扣 35 分。		
	3	地面模型的制作	根据要求制作地面模型的形状	20	地面无细节扣 10 分，无地面扣 20 分。		
	4	模型整合	根据效果图正确放置模型的各部件	10	模型的各部件放错 1~2 个扣 5 分，放错 3 个及以上个数的部件扣10分。		
	合计			100			
	操作规定用时	3 小时	技能程度	初级篇		指导教师或小组长签字	

项目任务书 2

3.2 "元宇宙"建筑模型外观结构建模

实训时间_____ 姓名_____

项目要求	1. 完成实战运用中"元宇宙"建筑模型外观结构制作。 2. 完成"元宇宙"建筑模型外观结构各部分的整合操作。
教学目标	【知识目标】 1. 熟练掌握"倒角""布尔运算"等命令的使用。 2. 熟练掌握"多切割"工具的使用。 3. 掌握在模型中应用和调整各参数的方法。 【技能目标】 1. 能够熟练运用"布尔运算""多切割"等工具对模型进行创建。 2. 能够合理调整模型的比例。 【素养目标】 1. 具有爱岗敬业、精益求精的职业精神。 2. 具有扎实的专业理论基础、较高的专业技术水平。 3. 具有良好的职业道德、较高的人文素养和工匠精神，具有一定的团队协作精神。
技术知识	1. "倒角""布尔运算"等命令。 2. "多切割"工具。
项目效果图	

续表

项目步骤	1. 打开软件。 2. 创建地面模型。 3. 创建废气加工厂主体结构。 4. 使用"移动""缩放"等命令完成模型的整合。					
项目笔记						
易错点	1. 注意模型各部件比例问题。 2. 注意多切割工具的使用。 （1）按【Ctrl+鼠标中键】组合键，插入一条中线。 （2）按【Ctrl+鼠标左键】组合键，插入循环边。					

	序号	考查内容	考查要点	配分	评分标准	扣分	得分
项目评分	1	地面模型的制作	根据要求制作地面模型的形状	20	地面模型无细节扣 10 分，无地面扣 20 分。		
	2	主加工厂模型的制作	根据要求制作主加工厂模型的形状	25	结构不完整，缺少 1~2 个部件扣 10 分，缺少 3 个及以上个数的部件扣 25 分。		
	3	次加工厂模型的制作	根据要求制作次加工厂模型的形状	25	结构不完整，缺少 1~2 个部件扣 10 分，缺少 3 个及以上个数的部件扣 25 分。		
	4	一层加工厂模型的制作	根据要求制作废物回收室模型的形状	20	结构不完整，缺少 1~2 个部件扣 10 分，3 个及以上个数的部件扣 20 分。		
	5	模型整合	根据效果图正确放置模型的各部件	10	模型部件放错 1~2 个扣 5 分，缺少 3 个及以上个数的部件扣 10 分。		
	合计			100			
	操作规定用时	3 小时	技能程度	初级篇	指导教师或小组长签字		

项目任务书3

3.3 "元宇宙"建筑模型外观细节建模

实训时间＿＿＿＿＿＿＿＿＿姓名＿＿＿＿＿＿＿＿＿

项目 要求	1. 掌握建筑模型外观细节建模方法。 2. 完成"元宇宙"建筑模型各部分的整合操作。
教学 目标	【知识目标】 1. 熟练掌握"结合""布尔运算"等命令的使用。 2. 熟练掌握"多切割""清除历史"等工具与命令的使用。 3. 掌握在模型中应用和调整各参数的方法 【技能目标】 1. 能够熟练运用"结合""清除历史""多切割"等命令与工具对模型进行创建。 2. 能够合理调整模型的比例。 【素养目标】 1. 具有爱岗敬业、精益求精的职业精神。 2. 具有扎实的专业理论基础、较高的专业技术水平。 3. 具有良好的职业道德、较高的人文素养和工匠精神，具有一定的团队协作精神。
技术 知识	1. "弯曲"命令。 2. "清除历史"命令。 3. "结合"命令。 4. "布尔运算"的"差集"命令。
项目效 果图	

续表

项目步骤	1. 打开软件。 2. 创建管道模型。 3. 创建墙体模型。 4. 创建二层围栏模型。 5. 创建阀门模型。 6. 创建排气管模型。 7. 创建散热结构模型。 8. 创建通风结构模型。 9. 模型整合。						
项目笔记							
易错点	"结合"与"打组"的区别如下。 （1）"结合"命令将模型合并在一起。 （2）"打组"命令是将模型放在一个组中，本质上各模型还是单独的个体。						

项目评分	序号	考查内容	考查要点	配分	评分标准	扣分	得分
	1	管道模型的制作	根据要求制作管道模型的形状	20	结构不完整扣10分，未摆放多个扣10分		
	2	墙体模型的制作	根据要求制作墙体模型的形状	10	无镂空效果扣5分，未摆放多个扣5分。		
	3	二层围栏模型的制作	根据要求制作二层围栏模型的形状	20	结构不完整，缺少1~2个部件扣10分，缺少3个及以上个数的部件扣20分。		
	4	阀门模型的制作	根据要求制作阀门模型的形状	10	结构不完整，缺少1~2个部件扣5分，缺少3个及以上个数的部件扣10分。		
	5	排气管模型的制作	根据要求制作排气管模型的形状	10	结构不完整，缺少1~2个部件扣5分，缺少3个及以上个数的部件扣10分。		

续表

	序号	考查内容	考查要点	配分	评分标准	扣分	得分
项目评分	6	散热结构模型的制作	根据要求制作散热结构模型的形状	10	结构不完整，缺少 1～2 个部件扣 5 分，3 个及以上个数的部件扣10分。		
	7	通风结构模型的制作	根据要求制作通风结构模型的形状	10	结构不完整，缺少 1～2 个部件扣 5 分，3 个及以上个数的部件扣10分。		
	8	模型整合	根据效果图正确放置模型的各部件	10	模型部件放错 1～2 个扣 5 分，3 个及以上个数的部件扣10分		
	合计			100			
	操作规定用时		3 小时	技能程度	初级篇	指导教师或小组长签字	

项目任务书4

4.1 "元宇宙"交通工具模型车厢建模

实训时间＿＿＿＿＿＿＿＿　姓名＿＿＿＿＿＿＿＿

项目 要求	1．掌握基础物体建模方法。 2．熟练使用 Maya 软件的主要工具和命令。
学习 目标	【知识目标】 1．熟练掌握多边形建模中的插入循环边的方法。 2．熟练掌握"挤出""倒角""多切割"等命令的使用。 3．熟练掌握"软选择"操作。 4．熟练掌握"复制"命令、"特殊复制"命令和"镜像复制"命令的使用。 【技能目标】 能够熟练运用各种命令调节多边形基本体的形态，制作车厢模型及其部件。 【素养目标】 1．感受国内公共交通的发展所带来的便捷。 2．具有精益求精的工匠精神，具有一定的团队协作精神。
技术 知识	1．多边形建模中的"挤出""倒角""多切割"命令。 2．"软选择"操作。 3．"复制""特殊复制""镜像复制"命令。
项目效 果图	

续表

项目效果图							
项目步骤	1. 打开软件，创建车厢模型的基本体，制作车厢模型的外形。 2. 制作车厢模型的底部和顶部。 3. 制作车厢之间连接件模型。 4. 制作轮子模型。 5. 制作座椅模型。 6. 车厢模型打组。						
项目笔记							
易错点							
项目评分	序号	考查内容	考查要点	配分	评分标准	扣分	得分
	1	车厢模型的外形的制作	根据技术要求制作模型，使用"插入循环边""软选择""倒角"等命令	35	1 个参数设置不正确扣 2 分，扣完为止。		
	2	车厢模型的底部和顶部的制作	根据技术要求制作模型，使用"倒角""复制"等命令	20	1 个参数设置不正确扣 2 分，扣完为止。		

续表

序号	考查内容	考查要点	配分	评分标准	扣分	得分
3	车厢连接件模型的制作	根据技术要求制作模型，使用"软选择"和"循环边"命令	15	1个参数设置不正确扣2分，扣完为止。		
4	轮子模型的制作	根据技术要求制作模型，使用"复制"和"挤出"命令	10	1个参数设置不正确扣2分，扣完为止。		
5	座椅模型的制作	根据技术要求制作模型，使用"软选择"命令	15			
6	整合打组	根据技术要求设置正确的数值	5	1个选项设置不正确扣2分，扣完为止。		
合计			100			
操作规定用时	3小时	技能程度	高级篇	指导教师或小组长签字		

项目任务书5

4.2 "元宇宙"交通工具模型车头建模

实训时间＿＿＿＿＿＿＿＿　姓名＿＿＿＿＿＿＿＿

项目要求	1. 掌握基础物体建模方法。 2. 熟练使用 Maya 软件的主要工具和命令。
学习目标	【知识目标】 1. 熟练掌握多边形建模中的插入循环边的方法。 2. 熟练掌握"挤出""倒角""提取面""多切割"等命令的使用。 3. 熟练掌握"软选择"操作。 4. 熟练掌握"复制"命令、"特殊复制"命令和"镜像复制"命令的使用。 【技能目标】 能够熟练运用各种命令调节多边形基本体的形态，制作车头模型及其部件。 【素养目标】 1. 感受国内公共交通的发展所带来的便捷。 2. 具有精益求精的工匠精神，具有一定的团队协作精神。
技术知识	1. 多边形建模中的"挤出""倒角""多切割""提取面"命令。 2. "软选择"操作。 3. "复制""特殊复制""镜像复制"命令。
项目效果图	

项目效果图						
项目步骤	1. 制作车头模型的外形及内部细节。 2. 座椅模型的复制及摆放。 3. 车灯模型的制作。 4. 控制台、雨刮器模型的制作。 5. 车头模型的打组，整合交通工具模型。					
项目笔记						
易错点						

项目评分	序号	考查内容	考查要点	配分	评分标准	扣分	得分
	1	车头模型的外形制作	根据技术要求制作模型，使用"插入循环边""软选择""倒角""提取面"等命令	40	1 个参数设置不正确扣 2 分，扣完为止。		

续表

	序号	考查内容	考查要点	配分	评分标准	扣分	得分
项目评分	2	座椅模型的复制及摆放	根据技术要求制作模型，使用"旋转"和特殊命令	10	1 个参数设置不正确扣 2 分，扣完为止。		
	3	车灯模型的制作	根据技术要求制作模型，使用"软选择"和"循环边"命令	20	1 个参数设置不正确扣 2 分，扣完为止。		
	4	控制台、雨刮器模型的制作	根据技术要求制作模型，使用"复制"和"挤出"命令	25	1 个参数设置不正确扣 2 分，扣完为止。		
	5	打组整合	根据技术要求设置正确的数值	5	1 个选项设置不正确扣 2 分，扣完为止。		
		合计		100			
	操作规定用时		3 小时	技能程度	高级篇	指导教师或小组长签字	

项目任务书6

5.1 "元宇宙"概念地形空间整体结构设计

实训时间_____姓名_____

项目要求	1. 掌握"元宇宙"概念地形空间整体结构建模方法。 2. 完成"元宇宙"概念地形空间各部分的整合操作。
教学目标	【知识目标】 1. 熟练掌握 "冻结变换""扭曲"等命令的使用。 2. 熟练掌握"多切割""冻结变换""合并"等工具与命令的使用。 3. 掌握在模型中应用和调整各参数的方法。 【技能目标】 1. 能够熟练运用"冻结变换""扭曲""多切割"等命令与工具对模型进行创建。 2. 能够合理调整模型的比例。 【素养目标】 1. 具有爱岗敬业、精益求精的职业精神。 2. 具有扎实的专业理论基础、较高的专业技术水平。 3. 具有良好的职业道德、较高的人文素养和工匠精神,具有一定的团队协作精神。
技术知识	1. "冻结变换"命令。 2. "扭曲"命令。 3. "合并"命令。
项目效果图	

项目步骤	1．打开软件。 2．制作桥墩模型。 3．制作桥面模型。 4．制作轨道主体模型。 5．模型打组。					
项目笔记						
易错点	（1）在对称复制前，需要对模型进行"冻结变换"。 （2）长按【D】键，将模型的坐标轴移动至对称的中间位置。 （3）按【Ctrl+D】组合键对模型复制后，将对应轴的缩放修改为"-1"。					

项目评分	序号	考查内容	考查要点	配分	评分标准	扣分	得分
	1	桥墩模型的制作	根据要求制作桥墩模型的形状	30	结构不完整，缺少1～2个部件扣15分，缺少3个及以上个数的部件扣30分。		
	2	桥面模型的制作	根据要求制作桥面模型的形状	30	结构不完整，缺少1～2个部件扣15分，缺少3个及以上个数的部件扣30分。		
	3	轨道主体模型的制作	根据要求制作轨道主体模型的形状	30	结构不完整，缺少1～2个部件扣15分，缺少3个及以上个数的部件扣30分。		
	4	模型整合	根据效果图正确放置模型部件	10	模型部件放错1～2个扣5分，缺少3个及以上个数的部件扣10分。		
	合计			100			
	操作规定用时		3小时	技能程度	中级篇	指导教师或小组长签字	

项目任务书 7

5.2 "元宇宙"概念地形空间外观细节建模

实训时间_____姓名_____

项目要求	1. 掌握"元宇宙"概念地形空间外观细节建模方法。 2. 完成"元宇宙"概念地形空间外观细节各部分的整合操作。
教学目标	【知识目标】 1. 熟练掌握"晶格""楔形面"等命令的使用。 2. 熟练掌握"多切割""打组"等工具与命令的使用。 3. 掌握在模型中应用和调整各参数的方法。 【技能目标】 1. 能够熟练运用"晶格""楔形面""打组"等命令与工具对模型进行创建。 2. 能够合理调整模型的比例。 【素养目标】 1. 具有爱岗敬业、精益求精的职业精神。 2. 具有扎实的专业理论基础、较高的专业技术水平。 3. 具有良好的职业道德、较高的人文素养和工匠精神，具有一定的团队协作精神。
技术知识	1. "晶格"命令。 2. "楔形面"命令。 3. "打组"命令。
项目效果图	

续表

项目步骤	1．打开软件。 2．制作桥梁围栏模型。 3．制作桥梁路灯模型。 4．制作铁路信号灯模型。 5．制作铁路制动系统模型。 6．制作铁路围栏模型。 7．模型整合。
项目笔记	
易错点	"晶格点"命令的使用方法如下。 创建晶格后，当按鼠标右键选择晶格点时，鼠标指针应放置在晶格上方；如果放置在模型上方，则会出现模型对应的属性。

	序号	考查内容	考查要点	配分	评分标准	扣分	得分
项目评分	1	桥梁围栏模型的制作	根据要求制作桥梁围栏模型的形状	20	结构不完整，缺少1~2个部件扣10分，缺少3个及以上个数的部件扣20分。		
	2	桥梁路灯模型的制作	根据要求制作桥梁路灯模型的形状	20	结构不完整，缺少1~2个部件扣10分，3个及以上个数的部件扣20分。		
	3	铁路信号灯模型的制作	根据要求制作铁路信号灯模型的形状	20	结构不完整，缺少1~2个部件扣10分，缺少3个及以上个数的部件扣20分。		
	4	铁路制动系统模型的制作	根据要求制作铁路制动系统模型的形状	15	结构不完整，缺少1~2个部件扣5分，缺少3个及以上个数的部件扣15分。		
	5	铁路围栏模型的制作	根据要求制作铁路围栏模型的形状	15	结构不完整，缺少1~2个部件扣5分，缺少3个及以上个数的部件扣15分。		
	6	模型整合	根据效果图正确放置模型部件	10	模型部件放错1~2个扣5分，放错3个及以上个数的部件扣10分。		
		合计		100			
	操作规定用时		3小时	技能程度	中级篇	指导教师或小组长签字	

项目任务书 8

6.1　Octane 渲染器运用

实训时间＿＿＿＿＿＿＿＿＿　姓名＿＿＿＿＿＿＿＿＿

项目 要求	1. 完成实战运用中 Octane 基础设置。 2. 使用 Octane 渲染器完成"元宇宙"各场景的渲染。
教学 目标	【知识目标】 1. 掌握 Octane 渲染器中的 OC 设置和渲染设置。 2. 掌握 Octane 光泽材质设置的方法。 3. 掌握在模型中应用和调整材质球参数的方法。 【技能目标】 能够熟练运用 Octane 渲染器对模型进行渲染。 【素养目标】 1. 具有爱岗敬业、精益求精的职业精神。 2. 具有扎实的专业理论基础、较高的专业技术水平。 3. 具有良好的职业道德、较高的人文素养和工匠精神，具有一定的团队协作精神。
技术 知识	1. Octane 渲染器的灯光。 2. Octane 渲染器的材质球。 3. Octane 渲染器的摄像机。
项目效 果图	

续表

项目效果图	
项目步骤	1. 打开软件，设置实时预览窗口；导入模型。 2. 设置 Octane 的 "OC 设置" 参数，保存为新预设。 3. 渲染设置，修改参数，将默认渲染器改为 "Octane 渲染器"。 4. 实战模型渲染：创建 Octane 光泽材质，设置材质球参数。 5. 在面模式下，将材质球拖拽至选中的面上完成材质球的赋予。 6. 设置对应材质球参数和节点。 7. 渲染。
项目笔记	
易错点	

项目评分	序号	考查内容	考查要点	配分	评分标准	扣分	得分
	1	Octane 基础设置	根据技术要求设置正确的数值	5	1 个参数设置不正确扣 2 分，扣完为止。		

续表

	序号	考查内容	考查要点	配分	评分标准	扣分	得分
项目评分	2	交通工具模型材质渲染	根据技术要求正确设置材质球，并应用到模型对应位置	30	1 个参数设置不正确扣 2 分，扣完为止。		
	3	建筑模型材质渲染	根据技术要求正确设置材质球，并应用到模型对应位置	30	1 个参数设置不正确扣 2 分，扣完为止。		
	4	桥梁模型材质渲染	根据技术要求正确设置材质球，并应用到模型对应位置	30	1 个参数设置不正确扣 2 分，扣完为止。		
	5	整合渲染	根据技术要求设置正确的数值	5	1 个参数设置不正确扣 2 分，扣完为止。		
	合计			100			
	操作规定用时	3 小时	技能程度	高级篇	指导教师或小组长签字		

责任编辑：郑小燕
封面设计：徐海燕

ISBN 978-7-121-46677-9

定价：61.80 元